Umweltschutz durch Beweislastumkehr?

Europäische Hochschulschriften
Publications Universitaires Européennes
European University Studies

Reihe II
Rechtswissenschaft

Série II Series II
Droit
Law

Bd./Vol. 3251

PETER LANG
Frankfurt am Main · Berlin · Bern · Bruxelles · New York · Oxford · Wien

Alexander Freiherr Knigge

Umweltschutz durch Beweislastumkehr?

Beweislast des Bürgers
bei Eingriffsnormen
des technischen Sicherheitsrechts
aus verfassungsrechtlicher Sicht

PETER LANG
Europäischer Verlag der Wissenschaften

Die Deutsche Bibliothek - CIP-Einheitsaufnahme

Knigge, Alexander:

Umweltschutz durch Beweislastumkehr? : Beweislast des Bürgers bei Eingriffsnormen des technischen Sicherheitsrechts aus verfassungsrechtlicher Sicht / Alexander Frhr. Knigge. - Frankfurt am Main ; Berlin ; Bern ; Bruxelles ; New York ; Oxford ; Wien : Lang, 2001
(Europäische Hochschulschriften : Reihe 2, Rechtswissenschaft ; Bd. 3251)
Zugl.: Berlin, Humboldt-Univ., Diss., 2001
ISBN 3-631-38503-X

Gefördert durch das Stipendienprogramm der Deutschen Bundesstiftung Umwelt.

ISSN 0531-7312
ISBN 3-631-38503-X
© Peter Lang GmbH
Europäischer Verlag der Wissenschaften
Frankfurt am Main 2001
Alle Rechte vorbehalten.

Das Werk einschließlich aller seiner Teile ist urheberrechtlich geschützt. Jede Verwertung außerhalb der engen Grenzen des Urheberrechtsgesetzes ist ohne Zustimmung des Verlages unzulässig und strafbar. Das gilt insbesondere für Vervielfältigungen, Übersetzungen, Mikroverfilmungen und die Einspeicherung und Verarbeitung in elektronischen Systemen.

www.peterlang.de

Inhalt

Seite

Literaturverzeichnis IX

Einleitung

A. Problemstellung der Arbeit 1
B. Gang der Untersuchung 4

Erster Teil
Die Grundlagen der Beweislastverteilung
im technischen Sicherheitsrecht 6
A. Beweislast, Beweismaß und benachbarte Phänomene 7
I. Auf dem Weg zur richterlichen Überzeugung –
das erforderliche Beweismaß 8
II. Das Scheitern der Sachverhaltsaufklärung - materielle Beweislast 11
   1. Existenz und Wesen der materiellen Beweislast im Verwaltungsprozeß 11
   2. Die Verteilung der materiellen Beweislast 13
      a. Rechtsprechung 16
      b. Die Lehren *Rosenbergs* und die Grundregel der Rechtsprechung 17
      c. Einwände gegen die richterliche Grundregel
      und die Theorie *Rosenbergs* 18
         aa. Unzulässige Gleichsetzung 18
         bb. Günstigkeit ist kein im Öffentlichen Recht brauchbares Kriterium 19
         cc. Fehlende Gegensätzlichkeit widerstreitender Interessen 21
         dd. Zufälligkeit des Gesetzeswortlauts 22
         ee. Zu formalistischer Ansatz der Normentheorie 23
      d. Ergebnis und eigener Ansatz: Die Existenz einer Beweislastgrundregel 26
      e. Stellungnahmen in der Literatur; Weitere „Prinzipien" zur
      Beweislastverteilung 32
         aa. Das „Regel-Ausnahme-Prinzip" 33
         bb. Beweisnähe, Einflußsphäre, Gefahren- und Verantwortungsbereich 34
         cc. „In dubio pro libertate" 35
         dd. „In dubio pro auctoritate" 36
         ee. Zusammenfassung 36
      f. Die Bedeutung einer Grundregel zur Verteilung
      der materiellen Beweislast im Verwaltungsprozeß 38
      g. Abweichungen in der Beweislastverteilung 40
         aa. Abweichung aufgrund expliziter gesetzlicher Anordnungen 40
         aaa. Ausdrückliche Anordnungen für den Umgang
         mit einem prozessualen non liquet 41

bbb. Nachweislichkeit als Tatbestandsmerkmal	42
ccc. Gesetzliche Vermutungen	43
ddd. Zusammenfassung	44
bb. Abweichung aufgrund richterlicher Abwägungen	44
cc. Beweislastumkehr?	45
aaa. Keine Beweislastumkehr im Verwaltungsrecht; die Ansichten *Prüttings*, *Bergs* und *Grunskys*	45
bbb. Stimmen für die Existenz einer Beweislastumkehr auch im Verwaltungsrecht	46
ccc. Stellungnahme	49
B. Konkretisierung der Fragestellung: Beweisprobleme bei staatlichen Eingriffen im technischen Sicherheitsrecht	50
I. Technik, Technikrecht, technisches Sicherheitsrecht	50
II. Sonderprobleme der Beweislastverteilung im technischen Sicherheitsrecht	53
1. Fehlende Erkenntnisse	54
2. Unbestimmte Rechtsbegriffe	55
3. Die Notwendigkeit von Prognosen	56
4. Technisch-wissenschaftliche Regelwerke	58
5. Zusammenfassung	59
C. Ergebnisse des ersten Teils	60

Zweiter Teil
Beweislast und Gesetzgebung 61

A. Tragweite einer gesetzlichen Regelung zur materiellen Beweislast	62
I. Rechtliche Tragweite und tatsächliche Relevanz im Grundsatz	62
II. Bedeutung im technischen Sicherheitsrecht	64
B. Anforderungen an den Gesetzgeber	66
I. Gesetzgebungskompetenz	67
1. Rechtssystematische Einordnung der Beweislastnormen - Prozeßrecht oder materielles Recht?	67
a. Beweislastnormen als solche des Prozeßrechtes	68
b. Zuordnung allein zum materiellen Recht	69
c. Herrschende Meinung	69
d. Stellungnahme	70
e. Zwischenergebnis	70
2. Gesetzgebungskompetenz auf dem Gebiet des technischen Sicherheits- und Umweltrechts	71
II. Materielle Anforderungen an eine Regelung der Beweislast durch den Gesetzgeber	71
1. Äußerungen des Bundesverfassungsgerichtes zur Beweisbelastung des Bürgers bei staatlichen Eingriffen	72

a. BVerfGE 9, S. 137: Reugeldgesetz 72
b. BVerfGE 15, S. 249: Asylrecht 73
c. BVerfGE 20, S. 351: Tötung seuchenverdächtiger Haustiere 74
d. BVerfGE 48, S. 127: Kriegsdienstverweigerung aus Gewissensgründen 75
e. BVerfGE 49, S. 89: Kalkar 77
f. BVerfGE 52, S. 131: Arzthaftung 78
g. BVerfG NJW 1990, S. 1229: Bestandsbedrohte Pflanzen und Tiere 79
h. Zusammenfassung der Rechtsprechung des Bundesverfassungsgerichts 80
2. Katalog der materiellen Anforderungen 81
a. Verfahrensmäßiger Rahmen 82
aa. Faires Verfahren 82
bb. Grundsatz der prozessualen Waffengleichheit 84
cc. Anspruch auf rechtliches Gehör 86
dd. Unabhängigkeit des Richters 87
b. Verhältnismäßigkeit im Lichte der betroffenen Rechtspositionen 88
aa. Grundrechte der Betreiber 90
aaa. Kein Grundrecht auf Umweltnutzung 90
bbb. Herrschende Meinung 91
ccc. Stellungnahme 92
bb. Bedeutung der Betreibergrundrechte für die Beweislastverteilung 93
cc. Schutzpflichten des Staates gegen Umweltrisiken 96
dd. Bestimmung der Verhältnismäßigkeit 97
c. Zusammenfassung 99
III. Ergebnisse des zweiten Teils: Anforderungen an den Gesetzgeber 99

Dritter Teil
Einzeluntersuchungen 101
A. Immissionsschutzrecht 101
Beispiel 1: Nachträgliche Anordnung, § 17 Abs. 1 Satz 2 BImSchG 103
1. Verteilung der Beweislast bei der nachträglichen Anordnung 104
2. Wortlaut und Wirksamkeit einer gesetzgeberischen Beweislastumkehr 105
3. Verfassungsrechtliche Zulässigkeit 105
a. Potentiell durch den Eingriff betroffene Rechtspositionen 105
b. Verfassungsrechtliche Rechtfertigung 107
4. Ergebnis 114
Beispiel 2: Untersagung, § 25 Abs. 2 BImSchG 114
1. Verteilung der Beweislast bei der Untersagung 115
2. Wortlaut und Wirksamkeit einer gesetzgeberischen Beweislastumkehr 115
3. Verfassungsrechtliche Zulässigkeit 116
B. Atomrecht 118
Beispiel 3: Obligatorischer Genehmigungswiderruf, § 17 Abs. 5 AtG 120
1. Verteilung der Beweislast beim obligatorischen Widerruf 120

2. Wortlaut und Wirksamkeit einer gesetzgeberischen Beweislastumkehr	121
3. Verfassungsrechtliche Zulässigkeit	123
a. Potentiell durch das Gesetz betroffene Rechtspositionen der Normadressaten	123
b. Verfassungsrechtliche Rechtfertigung	124
4. Ergebnis	129
Beispiel 4: Staatliche Aufsicht, § 19 Abs. 2 Satz 3 AtG (neu)	129
C. Gentechnikrecht	130
Beispiel 5: Behördliche Untersagungsverfügung, § 26 Abs. 1 Satz 2 GenTG	131
1. Wortlaut und Wirksamkeit einer Beweislastumkehr in § 26 Abs. 1 Satz 2 Nr. 4 GenTG	131
2. Verfassungsrechtliche Zulässigkeit	132

Zusammenfassende Bewertung 135

Literaturverzeichnis

Achterberg, Norbert, Allgemeines Verwaltungsrecht, Heidelberg 1986
Alexy, Robert, Theorie der Grundrechte, Frankfurt/M 1986
Alternativkommentar, Kommentar zum Grundgesetz der Bundesrepublik Deutschland, Neuwied 1989, zitiert: *Alterativkommentar - Bearbeiter*
Auer, Wolfgang, Die Verteilung der Beweislast im Verwaltungsstreitverfahren, München 1963
Bachof, Otto, Verfassungsrecht, Verwaltungsrecht, Verfahrensrecht in der Rechtsprechung des Bundesverwaltungsgerichts, Band I, Tübingen 1966, Band II, Tübingen 1967
Bader, Johann / Funke-Kaiser, Michael / Kuntze, Stefan / v. Albedyll, Jörg, Verwaltungsgerichtsordnung, Heidelberg 1999, zitiert: *Bader - Bearbeiter*
Badura, Peter, Staatsrecht, München 1996
ders., Die Verfassung im Ganzen der Rechtsordnung, in:*Isensee, Josef / Kirchhoff, Paul*, Handbuch des Staatsrechts der Bundesrepublik Deutschland, Band VII, Heidelberg 1992
Battis, Ulrich, Allgemeines Verwaltungsrecht, Heidelberg 1997
ders., Der Verfassungsverstoß und seine Rechtsfolgen, in: *Isensee, Josef / Kirchhoff, Paul*, Handbuch des Staatsrechts der Bundesrepublik Deutschland, Band VII, Heidelberg 1992
ders. / Gusy, Christoph, Einführung in das Staatsrecht, Heidelberg 1999
Baur, Fritz, Studien zum einstweiligen Rechtsschutz, Tübingen 1967
Benda, Ernst / Maihofer, Werner / Vogel, Hans-Jochen, Handbuch des Verfassungsrechts, Berlin/New York 1995, zitiert: *Benda/Maihofer/Vogel - Bearbeiter*
Bender, Bernd, Abschied vom „Atomstrom"?, in: DÖV 1988, S. 813ff.
ders. / Sparwasser, Reinhard / Engel, Rüdiger, Umweltrecht, Heidelberg 1995
Berg, Thomas, Beweismaß und Beweislast im öffentlichen Umweltrecht, Baden-Baden1995
Berg, Wilfried, Die verwaltungsgerichtliche Entscheidung bei ungewissem Sachverhalt, Berlin 1980
ders., Vom Wettlauf zwischen Recht und Technik, in: JZ 1985, S. 401ff.
Bernhardt, Wolfgang, Beweislast und Beweiswürdigung im Zivil- und Verwaltungsprozeß, in: JR 1966, S. 322ff.
Bettermann, Karl August, Referat: Die Beweislast im Verwaltungsprozeß, in: Verhandlungen des 46. Deutschen Juristentages, Band II (Sitzungsberichte), Teil E, S. E 26ff., München und Berlin 1967
Blech, Ulrich, Die Verhältnismäßigkeit nachträglicher Anordnungen nach § 17 Bundes-Immissionsschutzgesetz, Frankfurt/M. u.a. 1990
Börner, Bodo, Die Beweislast als Hebel der Rechtspolitik, in: Umwelt, Verfassung, Verwaltung. Veröffentlichungen des Instituts für Energierecht an

der Universität zu Köln, Band 50 (1982), S. 117ff.
Breuer, Rüdiger, Direkte und indirekte Rezeption technischer Regeln durch die Rechtsordnung, in: AöR 101 (1976), S. 46ff.
ders., Anlagensicherheit und Störfälle. Vergleichende Risikobewertung im Atom- und Immissionsschutzrecht, in: NVwZ 1990, S. 211ff.
Brocks, Dietrich /Pohlmann, Andreas / Senft, Mario, Das neue Gentechnikgesetz, München 1991
Büchner, Hans / Schlotterbeck, Karlheinz, Verwaltungsprozeßrecht, Stuttgart u.a. 1993
Damm, Reinhard / Hart, Dieter, Rechtliche Regulierung riskanter Technologien, in: KritV 1987, S. 183ff.
Degenhart, Christoph, Kernenergierecht, Köln u.a.1982
ders., Die Bewältigung der wissenschaftlichen und technischen Entwicklungen durch das Verwaltungsrecht, in: NJW 1989, S. 2435ff.
Determann, Lothar, Beweislastumkehr hinsichtlich der Gefährlichkeit neuer Technologien?, in: Jahrbuch des Umwelt- und Technikrechts 1997, S. 165ff.
ders., Neue gefahrverdächtige Technologien als Rechtsproblem, Beispiel: Mobilfunk-Sendeanlagen, Berlin 1996
Di Fabio, Udo, Der Ausstieg aus der wirtschaftlichen Nutzung der Kernenergie, Köln u.a., 1999
ders., Risikoentscheidungen im Rechtsstaat, Tübingen 1994
Dreier, Horst, Grundgesetz Kommentar, Tübingen 1998, zitiert: *Dreier - Bearbeiter*
Drews, Bill/Wacke, Gerhard/Vogel, Klaus/Martens, Wolfgang, Gefahrenabwehr Allgemeines Polizeirecht (Ordnungsrecht) des Bundes und der Länder, Köln u.a. 1986
Dürig, Julia, Beweismaß und Beweislast im Asylrecht, München 1990
Eberbach, Wolfram / Lange, Peter / Ronellenfitsch, Michael, Recht der Gentechnik und Biomedizin, Loseblattsammlung, Heidelberg, Stand April 2000, zitiert: *Eberbach/Lange/Ronellenfitsch - Bearbeiter*
Eckertz, Rainer, Die Kriegsdienstverweigerung aus Gewissensgründen als Grenzproblem des Rechts, Baden-Baden 1986
Erichsen, Hans-Uwe (Hg.), Allgemeines Verwaltungsrecht, Berlin u.a. 1998
Evangelisches Staatslexikon, Stuttgart 1987
Ewer, Wolfgang / Rapp, Angela, Zur Beweis- und Feststellungslast bei Ansprüchen auf Gewährung von Ermessensleistungen, in: NVwZ 1991, S. 549ff.
Eyermann, Erich, Verwaltungsgerichtsordnung, München 1998 zitiert: *Eyermann - Bearbeiter*
Feldhaus, Gerhard, Bundesimmissionsschutzrecht Kommentar, Loseblattsammlung, Wiesbaden, Stand März 2000
Fleury, Roland, Das Vorsorgeprinzip im Umweltrecht, Köln u.a. 1995

Frankfurter Kommentar zum Gesetz gegen Wettbewerbsbeschränkungen, Loseblattsammlung, Köln, Stand November 1999, zitiert: Frankfurter Kommentar - *Bearbeiter*
Geiger, Harald, Amtsermittlung und Beweiserhebung im Verwaltungsprozeß, in: BayVBl. 1999, S. 321ff.
Gellrich, Lothar, Beweislast im Verwaltungsstreitverfahren, in: JR 1955, S. 175f.
Gentz, Manfred, Zur Verhältnismäßigkeit von Grundrechtseingriffen, in: NJW 1968, S. 1600ff.
Gethmann, Carl Friedrich, Zur Ethik des Handelns unter Risiko im Umweltstaat, in: *Gethmann, Carl Friedrich / Kloepfer, Michael,* Handeln unter Risiko im Umweltstaat, Berlin u.a. 1993
Giemulla, Elmar/Schmidt, Ronald, Luftverkehrsgesetz, Loseblattsammlung, Neuwied, Stand November 1999
v. Glaeserfeld, Ernst. Einführung in den radikalen Konstruktivismus, in: *Paul Watzlawick* (Hg.), Die erfundene Wirklichkeit, München 1990, S. 16ff.
Göring, Marcus, Die Beweislast im Sozialrecht, Frankfurt/M. u.a. 1994
Goerlich, Helmut, Grundrechte als Verfahrensgarantien, Baden-Baden 1981
Gottwald, Peter, Grundprobleme der Beweislastverteilung, in: JURA 1980, S. 225ff.
Gräber, Fritz, Finanzgerichtsordnung, München 1997, zitiert: *Gräber-Bearbeiter*
Grimm, Dieter, Das Grundgesetz nach vierzig Jahren, in: NJW 1989, S. 1305ff.
Grunsky, Wolfgang, Grundlagen des Verfahrensrechts, Bielefeld 1974
Hahnenfeld, Günter, Fünf Jahre Recht der Kriegsdienstverweigerung, in: DVBl. 1962, S. 284ff.
Haedrich, Heinz, Atomgesetz mit Pariser Atomhaftungs-Übereinkommen, Baden-Baden 1986
Hansen-Dix, Frauke, Die Gefahr im Polizeirecht, im Ordnungsrecht und im Technischen Sicherheitsrecht, Köln 1982
Hansmann, Klaus, Bundes-Immissionsschutzgesetz und ergänzende Vorschriften, Baden-Baden 1997
ders, (Hg.) Landmann / Rohmer, Umweltrecht, Loseblattsammlung, München, Stand Mai 2000, zitiert: *Landmann/Rohmer - Bearbeiter*
Hartung, Sven, Die Atomaufsicht, Baden-Baden 1992
Heinrich, Bodo, Die verfassungswidrige Beweislastnorm, Münster 1985
Hirsch, Günter/Schmidt-Didczuhn, Andrea, Gentechnikgesetz, München 1991
Hoffmann-Riem, Wolfgang, Reform des Allgemeinen Verwaltungsrechts als Aufgabe - Ansätze am Beispiel des Umweltrechts, in: AöR 115 (1990), S. 400ff.
Hofmann, Heinrich, Die Beweislast im Verwaltungsprozeß, in: DVBl. 1957, S. 603ff.

v. Holleben, Horst, Der Standort industrieller Anlagen unter dem Gesichtspunkt des § 5 Nr. 1 BImSchG, in: GewArch 1977, S. 45ff.

v. Holleben, Kevin, Geldersatz bei Persönlichkeitsverletzungen durch die Medien, Baden-Baden 1999

Hoppe, Werner/Beckmann, Martin/Kauch, Petra, Umweltrecht, München 2000

Hübschmann, Walter/Hepp, Ernst/Spitaler, Armin, Abgabenordnung, Finanzgerichtsordnung, Loseblattsammlung, Köln, Stand September 1999, zitiert: *Hübschmann/Hepp/Spitaler - Bearbeiter*

Huster, Stefan, Beweislastverteilung und Verfassungsrecht, in: NJW 1995, S. 112f.

Ipsen, Jörn, Staatsrecht II (Grundrechte), Neuwied/Kriftel 2000

ders., Die Bewältigung der wissenschaftlichen und technischen Entwicklungen durch das Verwaltungsrecht, in: VVDStRL 48, S. 177ff.

Jarass, Hans D., Bundes-Immissionsschutzgesetz, Kommentar, München 1999

ders., Effektuierung des Umweltschutzes gegenüber bestehenden Anlagen, in: DVBl. 1985, S. 193ff.

ders. / Pieroth, Bodo, Grundgesetz für die Bundesrepublik Deutschland, München 2000

Ketteler, Gerd / Kippels, Kurt, Umweltrecht, Köln u.a. 1988

Klein, Eckart, Zur objektiven Funktion der Verfassungsbeschwerde, in DÖV 1982, S. 797ff.

Kloepfer, Michael, Umweltrecht, München 1998

ders. Umweltschutz und Recht, Grundlagen, Verfassungsrahmen und Entwicklungen, Berlin 2000

ders., Grundrechtsfragen der Umweltabgaben, in: *Mackscheid, Klaus / Ewringmann, Dieter / Gawel, Erik,* Umweltpolitik mit hoheitlichen Zwangsabgaben? Karl-Heinrich Hansmeyer zur Vollendung seines 65. Lebensjahres

ders., Handeln unter Unsicherheit im Umweltstaat, in: *Gethmann, Carl Friedrich / Kloepfer, Michael,* Handeln unter Risiko im Umweltstaat, Berlin u.a. 1993

ders. / Vierhaus, Hans-Peter, Anthropozentrik, Freiheit und Umweltschutz in rechtlicher Sicht, Bonn 1995

Kluth, Winfried, Verfassungs- und abgabenrechtliche Rahmenbedingungen der Ressourcenbewirtschaftung, in: NuR 1997, S. 105ff.

Knemeyer, Franz-Ludwig, Rechtliches Gehör im Gerichtsverfahren, in: *Isensee, Josef / Kirchhoff, Paul,* Handbuch des Staatsrechts der Bundesrepublik Deutschland, Band VI, Heidelberg 1989

Kniesch, Joachim, Die Beweislast im Verwaltungsstreitverfahren, in: MDR 1954, S. 452ff.

Koch, Hans-Joachim/Scheuing, Dieter, Gemeinschaftskommentar zum Bundes-Immissionsschutzgesetz, Loseblattsammlung, Stand Mai 1998 zitiert: *Koch/Scheuing - Bearbeiter*

Köck, Wolfgang, Grundzüge des Risikomanagements im Umweltrecht, in: *Bora, Alfons* (Hsg.), Rechtliches Risikomanagement, Berlin 1999, S. 129ff.
Köhler-Rott, Renate, Der Untersuchungsgrundsatz im Verwaltungsprozeß und die Mitwirkungslast der Beteiligten, München 1997
Kokott, Juliane, Beweislastverteilung und Prognoseentscheidungen bei der Inanspruchnahme von Grund- und Menschenrechten, Berlin u.a. 1993
Kopp, Ferdinand O./Schenke, Wolf-Rüdiger, Verwaltungsgerichtsordnung, München 1998
Kopp, Ferdinand O./Ramsauer, Ulrich, Verwaltungsverfahrensgesetz, München 2000
Krebs, Walter, Abwasserbeseitigung und Gewässerschutz, in: *Krebs, Walter/ Oldiges, Martin/Papier, Hans-Jürgen,* Aktuelle Probleme des Gewässerschutzes, Köln u.a., S. 1ff.
Kuhla, Wolfgang/Hüttenbrink, Jost, Der Verwaltungsprozeß, München 1998
Kutschera, Peter, Bestandsschutz im öffentlichen Recht, Heidelberg 1990
Leipold, Dieter, Beweislastregeln und gesetzliche Vermutungen, Berlin 1966
Lerche, Peter, Übermaß und Verfassungsrecht. Zur Bindung des Gesetzgebers an die Grundsätze der Verhältnismäßigkeit und der Erforderlichkeit, Köln u.a.1961
Lorenz, Dieter, Wissenschaft darf nicht alles! Zur Bedeutung der Rechte anderer als Grenze grundrechtlicher Gewährleistung, in: *Badura, Peter / Scholz, Rupert* (Hg.), Wege und Verfahren des Verfassungslebens, Festschrift für Peter Lerche, München 1993, S. 267ff.
Lübbe-Wolff, Gertrude, Die Grundrechte als Eingriffsabwehrrechte, Baden-Baden 1988
Lühle, Stefan, Beschränkungen und Verbote des Kraftfahrzeugverkehrs zur Verminderung der Luftbelastung, Berlin 1998
Lüke, Gerhard, Über die Beweislast im Zivil- und Verwaltungsprozeß, in: JZ 1966, S. 587ff.
Marburger, Peter, Atomrechtliche Schadensvorsorge, Köln u.a. 1985
ders., Rechtliche Grenzen technischer Sicherheitspflichten, in: WiVerw.1981, S. 241ff.
Marx, Martin, Der Sicherheitsstandard der Betreiberpflichten im Gentechnikrecht, Frankfurt/M u.a. 1997
Maunz, Theodor/Dürig, Günter, Grundgesetz, Kommentar, Loseblattsammlung, München, Stand Oktober 1999, zitiert: *Maunz/Dürig - Bearbeiter*
Maurer, Hartmut, Staatsrecht, München 1999
ders., Allgemeines Verwaltungsrecht, München 1999
May, Arthur, Die Revision, Köln u.a. 1997
Meyer, Susanne, Gebühren für die Nutzung von Umweltressourcen, Berlin 1995
Meyer-Ladewig, Jens, Sozialgerichtsgesetz, München 1998

Michael, Alexander R., Die Verteilung der objektiven Beweislast im Verwaltungsprozeß, Kornwestheim 1976

v. Münch, Ingo / Kunig, Philip, Grundgesetz-Kommentar, Band I München 1992, Band III, München 1996, zitiert: *v.Münch/Kunig - Bearbeiter*

Murswiek, Dietrich, Die staatliche Verantwortung für die Risiken der Technik, Berlin 1985

ders., Privater Nutzen und Gemeinwohl im Umweltrecht - Zu den überindividuellen Voraussetzungen der individuellen Freiheit, in: DVBl. 1994, S. 77ff.

ders., Grundrechte als Teilhaberechte, soziale Grundrechte, in: *Isensee, Josef / Kirchhoff, Paul*, Handbuch des Staatsrechts der Bundesrepublik Deutschland, Band V, Heidelberg 1992

ders., Die Bewältigung der wissenschaftlichen und technischen Entwicklungen durch das Verwaltungsrecht, in: VVDStRL 48 (1990), S. 207ff.

Nagler, Georg, Dogmatische Strukturen der Beweislast im Öffentlichen Recht, Schnaittenbach 1989

Nell, Ernst Ludwig, Wahrscheinlichkeitsurteile in juristischen Entscheidungen, Berlin 1983

Nicklisch, Fritz, Das Recht im Umgang mit dem Ungewissen in Wissenschaft und Technik, in: NJW 1986, S. 2287ff.

Nierhaus, Michael, Beweismaß und Beweislast Untersuchungsgrundsatz und Beteiligtenmitwirkung im Verwaltungsprozeß, München 1989

ders., Die Verteilung der Beweislast im Verwaltungsprozeß, in: BayVBl. 1978, S. 745ff.

Obenhaus, Werner/Kuckuck, Bernd, Funktion und Strukturmerkmale des Begriffes „Stand von Wissenschaft und Technik" für die erforderliche Schadensvorsorge im Atomrecht, in: DVBl. 1980, S. 154ff.

Obermayer, Klaus, Kommentar zum Verwaltungsverfahrensgesetz, Neuwied, Frankfurt/M, 1998, zitiert: *Obermayer - Bearbeiter*

Ossenbühl, Fritz, Bestandsschutz und Nachrüstung von Kernkraftwerken, Köln u.a. 1994

ders., Kernenergie im Spiegel des Verfassungsrechts, in: DÖV. 1981, S. 1ff.

ders., Vorsorge als Rechtsprinzip im Gesundheits-, Arbeits- und Umweltschutz, in: NVwZ 1986, S. 161ff.

Palandt, Otto, Bürgerliches Gesetzbuch, München 2000, zitiert: *Palandt - Bearbeiter*

Papier, Hans-Jürgen, Justizgewährungsanspruch, in: *Isensee, Josef/Kirchhoff, Paul*, Handbuch des Staatsrechts der Bundesrepublik Deutschland, Band VI, Heidelberg 1989

Pestalozza, Christian, Verfassungsprozeßrecht, München 1991

ders., Der Untersuchungsgrundsatz, in: *Schmitt Glaeser, Walter* (Hg.), Verwaltungsverfahren, Festschrift zum 50jährigen Bestehen des Richard Boorberg Verlags, Stuttgart u.a. 1977, S. 185ff.

Petersen, Frank, Schutz und Vorsorge, Berlin 1993
Pieroth, Bodo / Schlink, Bernhard, Grundrechte, Staatsrecht II, Heidelberg 1998
Pietrzak, Alexandra, Die Schutzpflicht im verfassungsrechtlichen Kontext - Überblick und neue Aspekte, in: JuS 1994, S. 748ff.
Pitschas, Rainer, Die Bewältigung der wissenschaftlichen und technischen Entwicklungen durch das Verwaltungsrecht, in: DÖV 1989, S. 785ff.
Prütting, Hans, Gegenwartsprobleme der Beweislast, München 1983
Pütz, Manfred / Buchholz, Karl-Heinz, Anzeige- und Genehmigungsverfahren nach dem Bundes-Immissionsschutzgesetz, Berlin 1997
Ramsauer, Ulrich, Aktuelle Rechtsentwicklungen zu Risiken elektromagnetischer Strahlungen, in: Gesundheitsrisiken elektromagnetischer Strahlungen, UTR Band 42, Berlin 1998
Redeker, Konrad, Untersuchungsgrundsatz und Mitwirkung der Beteiligten im Verwaltungsprozeß, in: DVBl. 1981, S. 83ff.
ders., Beweislast und Beweiswürdigung im Zivil- und Verwaltungsprozeß, in: NJW 1966, S. 1777ff.
ders. / v. Oertzen, Hans-Joachim, Verwaltungsgerichtsordnung, Stuttgart u.a. 1997
Reich, Andreas, Gefahr - Risiko - Restrisiko, Das Vorsorgeprinzip am Beispiel des Immissionsschutzrechts, Düsseldorf 1989
Reinhardt, Michael, Verfassungsrechtliche Rahmenbedingungen für die behördliche Kontrolle von Anlagenbetreibern im Immissionsschutzrecht, in: *Czajka, Dieter / Hansmann, Klaus / Rebentisch, Manfred*, Immissionsschutzrecht in der Bewährung, Festschrift für Gerhard Feldhaus zum 70. Geburtstag, Heidelberg 1999, S. 121ff.
ders., Die Umkehr der Beweislast aus verfassungsrechtlicher Sicht, in: NJW 1994, S. 93ff.
Roller, Gerhard, Genehmigungsaufhebung und Entschädigung im Atomrecht, Baden-Baden 1994
Rombach, Paul, Der Faktor Zeit im umweltrechtlichen Genehmigungsverfahren: Verfahrensdauer und Beschleunigungsansätze in Deutschland, Frankreich und den Vereinigten Staaten, Baden-Baden 1994
Rosenberg, Leo, Die Beweislast, München 1965
ders./Schwab, Karl Hein Gottwald, Peter, Zivilprozeßrecht, München 1993
Roßnagel, Alexander, Die rechtliche Fassung technischer Risiken, in: UPR 1986, S. 46ff.
ders., Der Nachweis von Sicherheit im Anlagenrecht, in: DÖV 1997, S. 801ff.
Rupp, Hans Heinrich, Die neue Verwaltungsgerichtsordnung: Gelöste und ungelöste Probleme, in: AöR 85 (1960), S.301ff.
ders., Die verfassungsrechtliche Seite des Umweltschutzes, in: JZ 1971, S. 401ff.

Sachs, Michael, Grundgesetz Kommentar, München 1999, zitiert: *Sachs - Bearbeiter*
Salzwedel, Jürgen, Risiko im Umweltrecht - Zuständigkeit, Verfahren und Maßstäbe der Bewertung, in: NVwZ 1987, S. 276ff.
Schenke, Wolf-Rüdiger, Verwaltungsprozeßrecht, Heidelberg 1998
Scherzberg, Arno, Freedom of information - deutsch gewendet: Das neue Umweltinformationsgesetz, in: DVBl. 1994, S. 733ff.
Schmatz, Hans/Nöthlichs, Matthias, Immissionsschutz. Kommentar zum Bundes-Immissionsschutzgesetz, Loseblattsammlung, München, Stand 1999
Schmidt-Bleibtreu, Bruno / Klein, Franz, Kommentar zum Grundgesetz, Neuwied 1999
Schmidt-Preuß, Matthias, Rechtsfragen des Ausstiegs aus der Kernenergie, Baden-Baden 2000
Schmitt Glaeser, Walter / Horn, Hans-Detlef, Verwaltungsprozeßrecht, Stuttgart u.a. 2000
Schneider, Hans-Peter/Steinberg, Rudolf, Schadensvorsorge im Atomrecht zwischen Genehmigung, Bestandsschutz und staatlicher Aufsicht, Baden-Baden 1991
Schneider, Peter, In dubio pro libertate, in: Hundert Jahre Deutsches Rechtsleben: Festschrift zum hundertjährigen Bestehen des DJT 1860-1960, S. 263ff.
Schoch, Friedrich, Rechtsfragen der Entschädigung nach dem Widerruf atomrechtlicher Genehmigungen, in: DVBl. 1990, S. 549ff.
ders./Schmidt-Aßmann, Eberhard/Pietzner, Rainer, Verwaltungsgerichtsordnung, Loseblattsammlung, München, Stand Januar 2000, zitiert: *Schoch/ Schmidt-Aßmann/Pietzner - Bearbeiter*
Scholz, Rupert, Technik und Recht, in: Festschrift zum 125jährigen Bestehen der Juristischen Gesellschaft zu Berlin, S. 691ff., Berlin u.a. 1984
Schröder, Meinhard, Verfassungsrechtliche Möglichkeiten und Grenzen umweltpolitischer Steuerung in einem deregulierten Strommarkt, in: DVBl. 1994, S. 835ff.
Schuster, Wolfgang, „Beweislastumkehr extra legem", Freiburg 1975
Schwab, Karl Heinz, Zur Abkehr moderner Beweislastlehren von der Normentheorie, in: Festschrift für Hans-Jürgen Bruns zum 70. Geburtstag, Köln u.a. 1978, S. 505ff.
Sonntag, Andreas, Die Beweislast bei Drittbetroffenenklagen, Frankfurt/M. u.a. 1986
Spiegler, Martin, Umweltbewußtsein und Umweltrecht, Baden-Baden 1990
Staatslexikon der Görres-Gesellschaft, Freiburg u.a. 1989
Starck, Christian, Die Bindung des Richters an Gesetz und Verfassung, in: VVDStRL 34 (1976), S. 43ff.
Steinberg, Klaus, Der ökologische Verfassungsstaat, Frankfurt/M. 1998

Stelkens, Paul/Bonk, Heinz Joachim/Sachs, Michael, Verwaltungsverfahrensgesetz, München 1998, zitiert: *Stelkens/Bonk/Sachs - Bearbeiter*
Stern, Klaus, Das Staatsrecht der Bundesrepublik Deutschland, Band I, München 1984
ders., Idee und Elemente eines Systems der Grundrechte, in: *Isensee, Josef / Kirchhoff, Paul,* Handbuch des Staatsrechts der Bundesrepublik Deutschland, Band V, Heidelberg 1992
Stötzel, Matthias, Kerntechnische Schutzkonzepte und atomrechtliche Anlagengenehmigung, Baden-Baden 1998
Streinz, Rudolf, Die Bewältigung der wissenschaftlichen und technischen Entwicklungen durch das Verwaltungsrecht, in: BayVBl. 1989, S. 550ff.
Theuerkauf, Horst, Beweislast, Beweisführungslast und Treu und Glauben, in: MDR 1962, S.449ff.
Ule, Carl Hermann, Verfassungsrecht und Verwaltungsprozeßrecht, in: DVBl. 1959, S. 537ff.
ders., Verwaltungsprozeßrecht, München 1987
ders., / Laubinger, Hans-Werner, Bundes-Immissionsschutzgesetz, Loseblattsammlung, Neuwied, Stand März 2000, zitiert: *Ule/Laubinger - Bearbeiter*
Vieweg, Klaus, Zur Einführung - Technik und Recht, in: JuS 1993, S. 894ff.
Graf Vitzthum, Wolfgang/Geddert-Steinacher, Tatjana, Der Zweck im Gentechnikrecht, Berlin 1990
Weber-Grellet, Heinrich, Beweis- und Argumentationslast im Verfassungsrecht unter besonderer Berücksichtigung der Rechtsprechung des Bundesverfassungsgerichts, Baden-Baden 1979
Weyreuther, Felix, Bauen im Außenbereich, Köln u.a. 1979
Wieland, Joachim, Konzessionen und Konzessionsabgaben im Wirtschaftsverwaltungs- und Umweltrecht, in: WUR 1991, S. 128ff.
Winter, Gerd, Grundprobleme des Gentechnikrechts, Düsseldorf 1993
ders., Brauchen wir das? Von der Risikominimierung zur Bedarfsprüfung, in: KJ 1992, S. 387ff.
Wittig, Peter, Zum Standort des Verhältnismäßigkeitsgrundsatzes im System des Grundgesetzes, in: DVBl. 1968, S. 817ff.
Wittmann, Johann, Die Grenzen der gerichtlichen Kontrolle im Verwaltungsprozeß, in: BayVBl. 1987, S. 744ff.
Wolff, Heinrich A., Die Pflicht der Beteiligten im Verwaltungsprozeß zur Wahrheit und zur Vollständigkeit, in: BayVBl. 1997, S. 585ff.
Würtenberger, Thomas, Verwaltungsprozeßrecht, München 1998
Yi, Zoonil, Das Gebot der Verhältnismäßigkeit in der grundrechtlichen Argumentation, Frankfurt/M u.a. 1998
Zöller, Richard, Zivilprozeßordnung, Köln 1999, zitiert: *Zöller - Bearbeiter*

Einleitung

A. Problemstellung der Arbeit

Umweltschutz ist ein Staatsziel. Mit Art. 20a des Grundgesetzes ist der Staat dazu gehalten, im Rahmen der verfassungsmäßigen Ordnung, u.a. durch die Gesetzgebung, die natürlichen Lebensgrundlagen zu erhalten. Dabei umfaßt dieser Auftrag nicht nur die Abwehr von Gefahren, sondern auch die Vorsorge gegen das Entstehen von Schäden für die Umwelt[1].

Die Möglichkeiten für den Gesetzgeber, dieser Aufgabe gerecht zu werden, sind vielfältig und es steht ihm bei der Wahl der Mittel ein breiter Gestaltungsspielraum zu[2]. Allerdings gibt es bei der rechtlichen Bewältigung des Umweltschutzes typische Probleme, die nach einer Lösung verlangen. Ein solches Problem ist das vielfach fehlende gesicherte Wissen, sind Erkenntnislücken über Chancen und (Umwelt-)Risiken des Einsatzes von sich rasch wandelnder und immer neuer Technologie[3]. Und was ein Richter oder ein Verwaltungsbeamter nicht weiß, sondern nur ahnt, für möglich hält, vielleicht sogar glauben möchte, das ist für ihn grundsätzlich keine Entscheidungsbasis, eine sichere Entscheidung braucht gesichertes Wissen.

Aus diesem Grunde steht die Anwendung des verwaltungs- und polizeirechtlichen Instrumentariums[4] zum Schutz vor Umweltgefahren und -risiken vielfach auf tönernen Füßen. Es ist zu erwarten, daß sich dieses Problem angesichts rasanter Entwicklungen im Bereich der Technik eher noch verschärfen wird, insoweit stellt sich dem Gesetzgeber das Problem, den Rechtsanwendern Normen an die Hand zu geben, welche trotz dieser Wissensdefizite ein sicheres Handeln ermöglichen. Denn die Anwendbarkeit von Rechtsnormen, mit welchen Risiken begegnet werden sollen, ist gegenwärtig zumeist an das Vorliegen bestimmter Tatbestandsvoraussetzungen gebunden.

Es ist das Ziel dieser Arbeit herauszufinden, wie der Gesetzgeber durch eine Regelung der Beweislast im Sinne der oben beschriebenen Zielsetzung Eingriffe auch unter Ungewißheitsbedingungen ermöglichen könnte. Die Anregung hierzu

---

1 *Murswiek*, Die staatliche Verantwortung für die Risiken der Technik, S. 127ff.; *Schröder*, DVBl. 1994, S. 835 (836).
2 *Jarass/Pieroth*, GG Art. 20a, Rn. 7.
3 *Di Fabio*, Risikoentscheidungen im Rechtsstaat, S. 25.
4 Vgl. allgemein zu den Instrumenten des öffentlichen Umweltrechts *Ketteler/Kippels*, Umweltrecht, S. 84ff.

stammt von der seit 1998 amtierenden Bundesregierung selbst:

Unter den am 20. Oktober 1998 in einer Koalitionsvereinbarung zwischen den Regierungsparteien SPD und Bündnis 90 / DIE GRÜNEN vereinbarten Zielen der „ökologischen Modernisierung"[5] stellt der geplante „Ausstieg aus der Atomenergie"[6] das wohl prominenteste Vorhaben dar. Zugleich zeigt dieser Plan auch beispielhaft, welcher Mittel sich die Bundesregierung zur Erreichung ihrer Ziele bedienen will. Neben Verhandlungen mit den Betreibern der Kernkraftwerke[7] stehen an erster Stelle Gesetzesänderungen. Unter den Änderungen des Atomgesetzes, die den Atomausstieg flankieren sollen, wird eine Stellschraube in Kapitel IV des Koalitionsvertrages unter Nr. 3.2 genannt: „Klarstellung der Beweislastregelung bei begründetem Gefahrverdacht".

Sollte es hier tatsächlich Unklarheiten bei der Beweislastverteilung geben, so wäre das Vorhaben der Bundesregierung, Klarheit zu schaffen, in der Tat zu begrüßen. Allerdings wird aus dem Zusammenhang deutlich, daß es keineswegs in erster Linie darum geht, den zuständigen Behörden und Verwaltungsgerichten bei der Beurteilung unklarer Sachverhalte zu helfen, denn das erklärte Ziel der Bundesregierung ist der endgültige Ausstieg aus der Atomenergie. Es wird sich zeigen, daß es im Atomrecht weder mehr noch weniger Unklarheiten hinsichtlich der Beweislast gibt, als an anderer Stelle im besonderen Verwaltungsrecht. Insofern wären *Klarstellungen* an weniger brisanter Stelle sinnvoller und leichter zu erreichen. Vielmehr soll die Beweislast im eingangs beschriebenen Sinne instrumentalisiert werden, um dem Ausstieg ein Stück näher zu kommen. Die hiervon betroffenen Vorschriften - geplant waren Änderungen in §§ 17 und 19 AtG[8] - regeln Eingriffsbefugnisse der Staates. Die beabsichtigte Klarstellung ginge zu Lasten der Betreiber, indem die Möglichkeit eines staatlichen Eingriffs auch für den Fall geschaffen würde, wo dies aufgrund der gegenwärtigen Beweislastregelung nicht gestattet wäre.

Ganz unabhängig davon, was von den im Koalitionsvertrag vereinbarten politischen Zielen umgesetzt werden kann, verdient dieser Punkt besondere Beachtung. Denn für den Fall, daß die erhoffte Wirkung durch eine Veränderung der Beweislast tatsächlich eintritt, spricht nichts gegen eine Einführung

---

5   So ist das vierte Kapitel der Koalitionsvereinbarung überschrieben.
6   Überschrift zu Kapitel IV Ziffer 3.2 des Koalitionsvertrages zwischen SPD und Bündnis 90 / DIE GRÜNEN vom 20. Oktober 1998
7   Diese Verhandlungen sind inzwischen mit einer Vereinbarung abgeschlossen worden. Dazu siehe unten Fußnote 470.
8   Die ursprünglichen Planungen können inzwischen zum Teil als überholt angesehen werden. Die Änderung in § 17 AtG wurde gänzlich aufgegeben, die in § 19 modifiziert. Dazu siehe unten im dritten Teil Abschnitt B.

veränderter Beweislastregeln auch in anderen Gesetzen. Es stellt sich sogar die Frage, warum der Gesetzgeber nicht schon viel früher auf die Idee gekommen ist, auf diese Art und Weise die Erreichung seiner politischen Zielsetzungen zu forcieren. Das erwähnte Vorhaben der „Klarstellung der Beweislastregelung" aus dem Koalitionsvertrag bildet also den Anstoß zu dieser Untersuchung. Es zeigt, daß der Gesetzgeber durchaus die Veränderung der Beweislastregelung zur Schaffung von zusätzlichen Eingriffsmöglichkeiten als ein Instrument seiner Politik begreift. Dieses Instrument könnte er bei Gelegenheit auch an anderer Stelle einsetzen, vorausgesetzt, daß ihm das erlaubt ist.

Denn eine so verstandene Umkehr[9] bzw. Veränderungen des Gesetzgebers an der Beweislast zu Ungunsten des Bürgers wird sich, wie jedes Handeln der Legislative, an der Verfassung messen lassen müssen[10]. Bei der Verfolgung des „Staatsziels Umweltschutz" ist der Gesetzgeber schon nach dem Wortlaut von Art. 20a GG an „die verfassungsmäßige Ordnung" gebunden. Welche Vorgaben und welche Freiräume für ein derartiges Vorhaben lassen sich also der Verfassung entnehmen? Zur Beantwortung dieser Frage ist es notwendig, die gegenwärtige gerichtliche Praxis bei der Verteilung der Beweislast in den Blick zu nehmen und möglicherweise bereits vorhandene Vorschriften des materiellen Rechts zu untersuchen, die besondere Aussagen zur Beweislastverteilung treffen. Dabei muß auch geprüft werden, inwieweit das Grundgesetz Vorgaben hierzu macht. Weder dies, noch die abschließende Beantwortung der Frage, ob für den Gesetzgeber Handlungsspielräume verbleiben, ist jedoch losgelöst von der jeweiligen Rechtsmaterie möglich.

Im Rahmen dieser Arbeit werden daher exemplarisch einige dem Umweltrecht zugehörigen Vorschriften des technischen Sicherheitsrechts, die die Voraussetzungen staatlicher Eingriffe zum Gegenstand haben, untersucht. Im technischen Sicherheitsrecht steht der Staat vor der Aufgabe, einerseits ein Maximum an „Umweltschutz" zu gewährleisten und so seinen Schutzpflichten und seiner Pflicht zur Risikominimierung gegenüber der Allgemeinheit gerecht zu werden[11]. Zugleich hat er jedoch auch die grundrechtlich geschützten Interessen der Betreiber riskanter Technologien zu beachten und für einen vernünftigen Ausgleich zu sorgen.

---

9   Der Terminus „Beweislastumkehr" ist für das Öffentliche Recht ausgesprochen umstritten, siehe dazu die Ausführungen am Ende des ersten Teils dieser Arbeit Abschnitt A.II.2.g) cc).
10 Der Gesetzgeber ist gemäß Art. 20 Abs. 3 GG an die „verfassungsmäßige Ordnung" gebunden. Sein Handeln muß sich jedoch an allen Vorschriften des Grundgesetzes messen lassen, *Maurer*, Staatsrecht, S. 215.
11 Die Pflicht des Staates zur Risikominimierung läßt sich unterschiedlich begründen. Vergleiche hierzu *Di Fabio*, Risikoentscheidungen im Rechtsstaat, S. 41ff.; *Pietrzak*, JuS 1994, S. 748ff.

Allerdings werden die gefundenen Ergebnisse schließlich nicht nur Gültigkeit für das Umwelt- und technische Sicherheitsrecht haben, sie lassen sich leicht auf das Öffentliche Recht insgesamt übertragen. Am Ende soll eine Antwort möglich sein auf die Frage:

> *„ Wo darf der Gesetzgeber, um staatliche Eingriffe auch unter Ungewißheitsbedingungen zu ermöglichen und die Erreichung politisch gewollter Ziele zu befördern, die Beweislastregeln des technischen Sicherheitsrechts verändern? "*

B. Gang der Untersuchung

Wie bereits angedeutet wurde, ist der Terminus „Beweislastumkehr" für den Bereich des Öffentlichen Rechts ausgesprochen umstritten und klärungsbedürftig[12]. Doch nicht nur um der sicheren Definition dieses Begriffes Willen ist eine Auseinandersetzung mit den Grundlagen der heute praktizierten Verteilung der Beweislast unumgänglich. Dazu erfolgt im ersten Teil eine Einführung in die Grundsätze von Beweislast und Beweismaß sowie benachbarter Phänomene im Verwaltungsprozeß, an deren Ende ein Vorschlag zur Definition der Beweislastumkehr stehen wird. Die Wirkungsweise und Bedeutung der Beweislast im Rahmen der gerichtlichen Rechtsgewinnung werden geklärt, der gegenwärtige Stand der Diskussion wird in einem kurzen Überblick zusammengefaßt. Danach kann die Fragestellung eingegrenzt werden auf das technische Sicherheitsrecht, indem die besonderen Beweisprobleme auf diesem Gebiet beleuchtet werden.

Im zweiten Teil wird zunächst nach der rechtlichen sowie praktischen Relevanz einer Beweislastumkehr der hier untersuchten Art gefragt. Sodann werden - soweit dies möglich ist - von der Rechtsmaterie losgelöste, also allgemein für das Verwaltungs- bzw. Umweltrecht gültige Überlegungen dazu angestellt, welchen Anforderungen der Gesetzgeber bei einer Normierung der Beweislast genügen müßte. Hier wird versucht, der Verfassung Maßstäbe für die gesetzliche Verteilung der Beweislast zu entnehmen, wobei auf die Ergebnisse des ersten Teils zurückgegriffen werden kann. Soweit sich die Untersuchungen „vor die Klammer" ziehen lassen und allgemeine Aussagen für alle Bereiche des Verwaltungsrechts möglich sind, geschieht das schon in diesem zweiten Teil.

---

12 *Wittmann* bezeichnet die Beweislast als „terra incognita des Verwaltungsprozesses", BayVBl. 1987, S. 744 (747).

Die Veränderung ausgewählter Eingriffsnormen des technischen Sicherheitsrechts dergestalt, daß sich die Beweislast dadurch „umkehrt", wird schließlich im dritten Teil vorgenommen. Hierfür werden Normen aus dem Immissionsschutzrecht, aus dem Atomrecht und aus dem Gentechnikrecht gewählt. Das Bundesimmissionsschutzgesetz wurde als zentrales Gesetz des Umwelt- und Technikrechts[13] ausgewählt, welches weite Bereiche rechtlich relevanter Immissionen regelt[14]. Wegen der erwähnten jüngsten Pläne der Bundesregierung bot sich eine Untersuchung dieser Vorhaben auf dem Bereich des Atomrechts an. Hier steht der Staat vor der Aufgabe, eine jahrzehntelang genutzte Technologie, die jedoch erhebliche Risiken in sich birgt, rechtlich zu fassen. Das Gentechnikgesetz wurde schließlich als ein Regelwerk jüngeren Datums ausgewählt, welches eine Technologie zum Gegenstand hat, über deren Chancen und Risiken noch keine abschließende Klarheit herrscht[15]. Zielrichtung der Änderungen ist es jeweils, die Beweislastregelung in Eingriffsnormen zu Lasten des Betreibers bzw. Bürgers zu verändern

Nachdem jeweils ein Änderungsvorschlag gemacht wurde, wird dieser zunächst auf seine tatsächliche Wirksamkeit hin untersucht und daran anschließend umfassend in verfassungsrechtlicher Hinsicht geprüft.

Die zusammenfassende Beantwortung der Ausgangsfrage findet sich am Ende der Arbeit.

---

13 *Kloepfer*, Artikel Technik" in Evangelisches Staatslexikon Bd. 2 Sp. 3593. *Kloepfer* bezeichnet das Bundes-Immissionsschutzgesetz als „eine der wichtigsten Vorschriften im Schnittpunkt von Umwelt- und Technikrecht".
14 Vgl. *Hansmann*, Bundes-Immissionsschutzgesetz, Einführung 1.2.
15 Hierzu siehe *Eberbach/Lange/Ronellenfitsch - Eberbach*, GenTG, Einf. Rn. 34ff.

Erster Teil

Die Grundlagen der Beweislastverteilung im technischen Sicherheitsrecht

Die Grundsätze der gegenwärtigen Beweislastverteilung im Öffentlichen Recht sind Gegenstand dieses ersten Teils der Arbeit. Die Unklarheiten, die im Zusammenhang mit den Termini „Beweislastumkehr" und „Beweiserleichterung" herrschen, machen es notwendig, in die Problematik durch eine vertiefte Untersuchung der Grundsätze der herrschenden Beweislastverteilung, ihrer unterschiedlichen Ausprägungen und Abweichungen einzuführen. In diesem Sinne steht auch der Versuch am Ende des ersten Teils, einen Begriff dessen zu entwickeln, was unter einer Beweislastumkehr verstanden werden kann. Denn zwar sind verwaltungsgerichtlichen Beweisfragen, dem Beweismaß, der Beweislast und benachbarten Phänomenen in der Vergangenheit schon mehrere ausführliche Untersuchungen gewidmet worden[16]. Eine griffige und eindeutige Definition dessen, was unter einer Beweislastumkehr zu verstehen ist, sowie eine Antwort auf die Frage nach ihren Voraussetzungen und den an sie zu stellenden Anforderungen läßt sich indes keiner dieser Arbeiten entnehmen. Teilweise wird sogar gänzlich in Abrede gestellt, daß es im Verwaltungsrecht überhaupt eine Beweislastumkehr, wie sie aus dem Zivilrecht bekannt ist, gibt[17]. Jedoch ist eine möglichst umfassende und allgemein gültige Begriffsbestimmung nicht das erste Anliegen dieser Arbeit. Es soll lediglich eine pointierte Umschreibung dafür gefunden werden, worum es in der Untersuchung geht: um die Einflußnahme des Gesetzgebers in die Verteilung der Beweislast, und zwar um eine solche zum Nachteil des „Bürgers" und zum Vorteile des „Staates".

Derartige Eingriffe des Gesetzgebers sind an verschiedener Stelle bereits jetzt zu finden. In der Tat ist es den handelnden Behörden schon heute vielfach möglich, auch unter Ungewißheitsbedingungen in Rechte des Einzelnen einzugreifen, die hierfür auszumachenden Beispiele verdienen im Rahmen dieses ersten Teils besondere Beachtung. Sie verdeutlichen einerseits die Wirkungsweise und die Erscheinungsformen von Eingriffsermächtigungen unter Unsicherheitsbedingungen, andererseits gibt es dazu auch Stimmen aus der Rechtsprechung

---

16 Insbesondere: *Nierhaus*, Beweismaß und Beweislast (1989); *Nagler*, Dogmatische Strukturen der Beweislast im Öffentlichen Recht (1989); *Leipold*, Beweislastregeln und gesetzliche Vermutungen, insbesondere bei Verweisungen zwischen verschiedenen Rechtsgebieten (1966); *W. Berg*, Die verwaltungsrechtliche Entscheidung bei ungewissem Sachverhalt (1980); für das Zivilrecht auch *Prütting*, Gegenwartsprobleme der Beweislast (1983).

17 *Prütting*, Gegenwartsprobleme der Beweislast, S. 20ff.; *W.Berg*, Die verwaltungsgerichtliche Entscheidung bei ungewissem Sachverhalt, S. 220ff. Dazu vgl. unten A.II.2.g) cc) aaa).

und Literatur, die sich mit deren Zulässigkeit befassen und erste Antworten darauf erlauben, welche weiteren Möglichkeiten sich dem Gesetzgeber eröffnen könnten.

In diesem ersten Teil werden auch die materiell-rechtlichen Grenzen der Untersuchung umrissen: es geht um die umweltrechtlichen Bereiche des technischen Sicherheitsrechts, und hier insbesondere um solche Rechtsnormen, die die Behörden zu Eingriffen ermächtigen. Dieser Bereich eignet sich deshalb besonders für die Untersuchung, weil es ein Gebiet ist, auf dem staatliches Handeln geradezu klassischerweise unter Bedingungen der Unsicherheit erfolgt und wo Beweislast und Beweismaß deshalb in besonderem Maße intrikat sind[18]. Diese Unsicherheiten können sich ergeben aus der Verborgenheit der jeweiligen Parteisphäre, der Eigendynamik technischer Entwicklungen und der Unübersichtlichkeit komplexer Sachverhalte[19]. Gerade die letzten beiden Faktoren weisen deutlich auf das technische Sicherheitsrecht hin.

A. Beweislast, Beweismaß und benachbarte Phänomene

Auch die öffentlich-rechtliche Dogmatik von Beweislast und Beweismaß hat ihren Ursprung im Zivilprozeß. Die dort gewonnenen Erkenntnisse wurden auf den Verwaltungsprozeß übertragen und für ihn fruchtbar gemacht. Der grundlegende Unterschied zwischen Zivilprozeß und Verwaltungsprozeß - Verhandlungsgrundsatz hier und Untersuchungsgrundsatz dort - brachte es jedoch mit sich, daß an der Übertragbarkeit der zivilprozessualen Grundsätze zunächst erhebliche Bedenken bestanden, die Annahme einer Beweislast für den Verwaltungsprozeß früher sogar grundsätzlich abgelehnt wurde[20].

Wie sich zeigen wird, haben die unterschiedlichen Gegebenheiten in Zivil- und Verwaltungsprozeßrecht in der Tat vielfach spürbare Auswirkungen, und nicht alles, was für das Bürgerliche Recht gilt, kann auf das Verwaltungsstreitverfahren übertragen werden. Die Annahme, daß es wegen des Untersuchungsgrundsatzes im Verwalungsrecht jedoch keine Beweislast gebe, kann inzwischen als überholt angesehen werden. Denn die (prozessuale) Wirklichkeit hat gelehrt, daß auch das verwaltungsgerichtliche Verfahren ohne Entscheidungen nach Beweislast nicht auskommt. Dies wird am ehesten deutlich, wenn man sich den Prozeß der richterlichen Entscheidungsfindung vor Augen führt.

---

18 *Nierhaus*, Beweismaß und Beweislast, S. 388ff.
19 *Berg*, Die verwaltungsgerichtliche Entscheidung bei ungewissem Sachverhalt, S. 18.
20 Vgl. die Nachweise bei *Berg*, die verwaltungsgerichtliche Entscheidung bei ungewissem Sachverhalt, S.164.

I. Auf dem Weg zur richterlichen Überzeugung – das erforderliche Beweismaß

Im verwaltungsgerichtlichen Verfahren gilt gemäß § 86 Abs. 1 Satz 1 VwGO der Untersuchungsgrundsatz, nach dem es Sache des Gerichts ist, den rechtlich zu beurteilenden Sachverhalt aufzuklären[21]. Dabei kann es die Beteiligten zur Aufklärung hinzuziehen, es ist jedoch nicht an deren Vorbringen gebunden[22]. Damit ist bereits geklärt, daß für die im Zivilprozeß herrschende formelle Beweislast, also „die einer Partei obliegende Last, bei Meidung des Prozeßverlustes durch eigene Tätigkeit den Beweis einer streitigen Tatsache zu führen"[23], unter der Geltung des Untersuchungsgrundsatzes kein Raum ist[24].

Ohnehin wird sich das Verwaltungsgericht – anders als die Zivilgerichtsbarkeit - in der Regel einem bereits in tatsächlicher Hinsicht weitestgehend aufgeklärten, zumindest jedoch für das Gerichtsverfahren deutlich besser aufbereiteten Sachverhalt gegenübersehen[25]. Denn der Untersuchungsgrundsatz gilt gemäß § 24 VwVfG auch für das Verwaltungsverfahren, das dem Verwaltungsprozeß vorangeht.

Seine verfassungsrechtliche Verankerung findet der verwaltungsgerichtliche Untersuchungsgrundsatz in der Rechtsweggarantie des Art. 19 Abs. 4 GG. Das Gericht darf erst dann zu einer Beurteilung des Sachverhalts gelangen, wenn es nicht nur sämtliche Rechtsfragen geklärt, sondern auch die tatsächlichen Feststellungen und Behauptungen nachgeprüft hat[26]. Um den durch die Verfassung gewährten Rechtsschutz zu verwirklichen, kann es dem Gericht nicht erlassen werden, jeden einzelnen Sachverhalt auch in tatsächlicher Hinsicht so weit als möglich aufzuklären. Diese Tatsachenprüfung dient der Beantwortung der Frage, ob der ermittelte Lebenssachverhalt die abstrakt formulierten Tatbestandsmerkmale eines Rechtssatzes erfüllt, also durch das

---

21 Auch in Verfahren unter Geltung des Untersuchungsgrundsatzes können sich unter Umständen Mitwirkungspflichten der Beteiligten ergeben, *Redeker* DVBl. 1981, S. 83ff. Dies wird nicht bestritten, stellt aber den Grundsatz nicht prinzipiell in Frage., Verletzungen der Mitwirkungslasten werden nicht bei der Beweislast, sondern bei der Beweiswürdigung berücksichtigt, *Wolff,* BayVBl. 1997, S. 585 (590). Zum Ganzen siehe *Köhler-Rott,* Der Untersuchungsgrundsatz im Verwaltungsprozeß und die Mitwirkungslast der Beteiligten, S. 112ff.
22 *Achterberg,* Allgemeines Verwaltungsrecht, S. 677.
23 *Rosenberg,* Die Beweislast, S. 16.
24 So ausdrücklich BVerwGE 47, S.330 (338);*Redecker/v. Oertzen,* VwGO § 108 Rn. 11; *Kopp/Schenke,* VwGO § 108 Rn. 11; *Eyermann - Geiger* § 86 Rn. 2; *Rosenberg/Schwab,* Zivilprozeßrecht, S. 670.
25 *Würtenberger,* Verwaltungsprozeßrecht, Rn.16.
26 *Nierhaus,* Beweismaß und Beweislast, S. 26 m.N.

Gericht auf die darin vorgesehenen Rechtsfolgen zu erkennen ist[27].

Nach Abschluß der prozessualen Sachverhaltsaufklärung soll das Gericht sodann seine Entscheidung nach freier Überzeugung treffen, die es aus dem Gesamtergebnis des Verfahrens gewonnen hat, § 108 Abs. 1 Satz 1 VwGO. Damit ist das Regelbeweismaß aufgestellt: gefordert wird *Überzeugung* des Richters. Überzeugt sein muß der Richter davon, daß der fragliche Sachverhalt als wahr erwiesen ist[28]. Lediglich im Bewußtsein der menschlichen Fehlsamkeit, insbesondere im Zusammenhang mit den Begriffen Wahrheit und Überzeugung, umfaßt das Regelbeweismaß des Verwaltungsrechts auch die Überzeugung davon, daß ein Sachverhalt mit so großer Wahrscheinlichkeit erfüllt ist, daß kein vernünftiger, die Lebensverhältnisse klar überschauender Mensch noch Zweifel an dessen Wahrheit hegt[29]. Denn eine absolute Wahrheit existiert nicht[30]. Im Grundsatz wird jedoch, dies sei hervorgehoben[31], davon ausgegangen, daß der Richter, um von Überzeugung reden zu können, die Wahrheit dessen, was seiner Entscheidung als Sachverhalt zugrunde liegt, nicht nur für möglich oder auch nur überwiegend wahrscheinlich hält, sondern ihr mit einem Gefühl der Unausweichlichkeit innerlich zustimmt[32]. Überzeugung heißt also, daß der Richter den Sachverhalt für wahr hält und die bloße Möglichkeit und die Wahrscheinlichkeit eines anderen Sachverhalts bei der Urteilsfindung beiseite läßt[33]. Hat das Gericht eine derartige Überzeugung gewonnen, so darf es auf die von der jeweiligen Vorschrift für diesen Tatbestand vorgesehene Rechtsfolge erkennen.

---

27 *Nierhaus*, Beweismaß und Beweislast, S. 28.
28 BVerwG NVwZ 85, 658; *Schoch/Schmidt-Aßmann/Pietzner - Dawin*, VwGO § 108 Rn.38.
29 BVerwG NVwZ 87, 217; *Kopp/Schenke*, VwGO § 108 Rn. 5; *Redecker/v.Oertzen*, VwGO § 108 Rn.1; *Eyermann - Schmidt*, VwGO § 108 Rn.3; *Nierhaus*, Beweismaß und Beweislast, S.61f.; *Schoch/Schmidt-Aßmann/Pietzner - Dawin*, VwGO § 108 Rn.48f.
30 Vgl. hierzu *v. Glaeserfeld*, Einführung in den radikalen Konstruktivismus, in: *Paul Watzlawick* (Hg.), Die erfundene Wirklichkeit, 1990, S. 16ff. (20ff.); *Prütting*, Gegenwartsprobleme der Beweislast, S. 120ff.; *Nell*, Wahrscheinlichkeitsurteile in juristischen Entscheidungen, S. 18ff.
31 Hierbei handelt es sich um einen Grundsatz, von dem auch abgewichen wird, dazu siehe sogleich unten. Das darf jedoch nicht zu Ungenauigkeiten bei der Definition der Überzeugung und zu Aufweichungen dessen führen, was damit im Grundsatz gemeint ist. Denn im Zusammenhang mit den Begriffen „Wahrscheinlichkeit" und „Überzeugung" bestehen Unterschiede, die hier nicht in ihrer ganzen Breite dargestellt werden können. Es gibt zahlreiche Äußerungen, die in ihrer Ungenauigkeit irreführend sind, hierzu vgl. *W.Berg*, Die verwaltungsgerichtliche Entscheidung bei ungewissem Sachverhalt, S. 71f.
32 *Schoch/Schmidt-Aßmann/Pietzner - Dawin*, VwGO § 108 Rn.40.
33 *W.Berg*, Die verwaltungsgerichtliche Entscheidung bei ungewissem Sachverhalt, S. 72f.

Nicht immer sind Rechtsfolgen an grundsätzlich beweisbare Tatsachen geknüpft, von denen sich der Richter (theoretisch) eine Überzeugung bilden kann. Vielfach werden Rechtsfolgen nach dem Willen des Gesetzgebers auch durch Prognosen über künftige Ereignisse ausgelöst. Auch in diesem Fall ist die gerichtliche Überzeugung, nämlich diejenige von der Richtigkeit der getroffenen Prognose, notwendig[34]. Die Überzeugungsgewißheit wird in diesen Fällen abgelöst durch die Überzeugung von der Stringenz der Prognosekriterien.

Im Prozeßrecht und im materiellen Recht finden sich Anordnungen, nach denen von dem oben beschriebenen Regelbeweismaß abgewichen werden soll. Derartige Abweichungen können etwa bedeuten, daß eine behauptete Tatsache *glaubhaft gemacht*[35] werden soll oder daß ein *bestimmter Grad der Wahrscheinlichkeit* für das Vorliegen behaupteter Tatsachen sprechen muß[36] (Reduzierung des Beweismaßes). Hier ist für die Anwendung der Norm die volle Überzeugung des Richters von der Wahrheit des behaupteten Sachverhalts nicht erforderlich. Es reicht vielmehr aus, daß er das Vorliegen der Tatsachen für überwiegend wahrscheinlich hält. Oder das Beweismaß wird gesteigert, was etwa mit Formulierungen wie „*... wenn unzweifelhaft feststeht, daß...*" oder „*...wenn offenkundig ist, daß...*" erreicht wird[37]. Hierdurch wird die Anwendung der Rechtsnorm beim Verbleiben auch noch so geringer Zweifel ausgeschlossen, die im Rahmen des Regelbeweismaßes erlaubt wären.

Nicht immer lassen sich dem Wortlaut unmittelbar Abweichungen vom Regelbeweismaß entnehmen, gleichwohl wird im Einzelfall davon ausgegangen, daß die Überzeugung von der Wahrheit nicht notwendigerweise erreicht werden muß. Hier ist der Bereich der Beweismaßmodifikationen angesprochen, die richterrechtlich im Wege von Gesetzesauslegung und –fortbildung eingeführt wurden. Fälle, in denen das Gericht vom Regelbeweismaß auch ohne ausdrückliche gesetzliche Ermächtigung abweicht, finden sich etwa im Entschädigungs- und Wiedergutmachungsrecht[38], im Kriegsdienstverweigerungsrecht[39] oder im Asylrecht[40]. Die Gründe, die nach der Rechtsprechung zu einer Modifikation des Beweismaßes führen können, sind in erster Linie in dem Bestreben zu finden, einen Ausgleich für in diesen Fällen typischerweise auftretende Beweisnöte zu sehen. Angesichts dessen kann es im

---

34 *W.Berg*, Die verwaltungsgerichtliche Entscheidung bei ungewissem Sachverhalt, S. 73.
35 Nachweise bei *Prütting*, Gegenwartsprobleme S. 80f.
36 Nachweise hierzu bei *Prütting*, Gegenwartsprobleme, S. 81f.
37 *Prütting*, Gegenwartsprobleme S. 83.
38 Vgl. *Nierhaus*, Beweismaß und Beweislast, S. 82ff.
39 Vgl. *Kokott*, Beweislastverteilung und Prognoseentscheidung bei der Inanspruchnahme von Grund- und Menschenrechten, S. 225.
40 Vgl. *Dürig*, Beweismaß und Beweislast im Asylrecht, S. 20ff.

Einzelfall nicht angemessen erscheinen, volle richterliche Überzeugung zu fordern. Das Bundesverwaltungsgericht hat hierzu ausgeführt:

„Es ergibt sich aus der Natur der Sache, daß sich ein voller Beweis häufig nicht führen läßt. In solchen Fällen wird ein auf Grund aller in Betracht kommenden Umstände ermittelter hoher Grad von Wahrscheinlichkeit genügen müssen."[41]

II. Das Scheitern der Sachverhaltsaufklärung - materielle Beweislast

Daß im Verwaltungsrecht - anders als im Zivilprozeß - keine formelle oder subjektive Beweislast existiert, wurde bereits festgestellt. Dies ergibt sich aus dem in § 86 Abs. 1 Satz 1 VwGO enthaltenen Untersuchungsgrundsatz. Das Bestehen einer materiellen oder objektiven Beweislast wird jedoch heute nicht mehr angezweifelt. Unterschiedliche Auffassungen gibt es allerdings darüber, wonach sich die Verteilung der Beweislast im einzelnen richtet.

1) Existenz und Wesen der materiellen Beweislast im Verwaltungsprozeß

Im Idealfall gelingt es dem Richter im Rahmen seiner freien Beweiswürdigung, zu voller Überzeugung von der Wahrheit der erhaltenen Informationen über den Sachverhalt bzw. der Stringenz der Prognosekriterien zu gelangen. Damit ist in diesem Fall geklärt, daß die in § 108 Abs. 1 Satz 1 VwGO genannten Voraussetzungen für die Rechtsanwendung einer materiell-rechtlichen Norm erfüllt sind. Das im Tatbestand dieser Norm abstrakt-generell Umschriebene hat sich in der Wirklichkeit ereignet, es kann ohne weiteres auf die von der Norm vorgesehene Rechtsfolge erkannt werden[42]. Ebenso eindeutig ist die Situation, wenn der Richter davon überzeugt ist, daß die Informationen nicht der Wahrheit entsprechen, ein Tatbestand nicht verwirklicht ist und damit die Anwendbarkeit der entsprechenden Norm ausscheidet.

Es sind jedoch leicht Fälle vorstellbar, in denen sich der Sachverhalt auch bei intensivsten Bemühungen nicht so hinreichend erforschen läßt, daß es zur richterlichen Überzeugung feststeht, ob die tatsächlichen Voraussetzungen des Tatbestandsmerkmals eines entscheidungserheblichen Rechtssatzes erfüllt sind oder nicht[43]. Verlangt das materielle oder das Prozeßrecht in diesen Fällen nicht die Überzeugung von der Wahrheit, sondern liegt ein Fall reduzierten

---

41 BVerwGE 41, S. 53 (58).
42 Vgl. hierzu *Schoch/Schmidt-Aßmann/Pietzner - Dawin*, VwGO § 108 Rn.7ff.
43 Insbesondere für den Bereich des Umweltrechts siehe *Rombach*, Der Faktor Zeit im umweltrechtlichen Genehmigungsverfahren, S. 80

Beweismaßes vor, so kann, wenn der Beweis in der geforderten Form gelungen ist, eine Entscheidung ergehen. Andernfalls kann nur folgendes gelten: Der richterliche Syllogismus gelingt nicht und es wäre, streng genommen, gemäß § 108 Abs. 1 Satz 1 VwGO für das Gericht nicht möglich, zu einem Urteil zu kommen, denn von Überzeugung kann dann eben gerade nicht gesprochen werden.

Die Festlegung des § 108 Abs. 1 Satz 1 VwGO wird jedoch überlagert durch einen zentralen Gedanken des Rechtsstaatsprinzips, das Justitzgewährungsgebot[44]. Gelangt der Richter in einem solchen Fall zu keiner Überzeugung, so entbindet ihn das gleichwohl nicht davon, eine Entscheidung zu fällen. Denn es würde die Rechtsschutzgarantie des Art 19 Abs. 4 GG aushöhlen, wenn der Rechtsweg gegen Akte der öffentlichen Gewalt zwar abstrakt geöffnet würde, die Gerichte zu einer Entscheidung jedoch nicht in jedem Falle verpflichten wären[45]. In seiner Rechtsprechung zu Art. 19 Abs. 4 GG hat das Bundesverfassungsgericht demnach auch festgestellt, dieses Grundrecht

> „garantiert nicht nur das formelle Recht und die theoretische Möglichkeit, die Gerichte anzurufen, sondern auch die Effektivität des Rechtsschutzes; der Bürger hat einen substantiellen Anspruch auf eine tatsächlich wirksame gerichtliche Kontrolle..."[46]

Es ist dem Gericht also nicht gestattet, im Falle einer gescheiterten Sachverhaltsaufklärung die Akten zu schließen und die Parteien ohne ein Urteil in der Sache zu entlassen.

Hinzu kommt, daß auch eine „Nicht-Entscheidung" letztlich eine Entscheidung darstellt, denn der angegriffenen Situation würde in diesem Falle nicht abgeholfen, es bliebe alles beim alten[47]. Das ist nicht nur für denjenigen, der die Veränderung begehrt, unerträglich, es kann auch der staatlichen Aufgabenerfüllung zuwider laufen. Letztlich gibt es also keine taugliche Alternative zu einer Entscheidung auch auf unsicherer Tatsachenbasis.

Wenn aber ein Urteil ergehen muß, hingegen die Voraussetzungen der Anwendbarkeit einer entscheidungserheblichen Rechtsnorm im Unklaren bleiben, so gibt es nur die Alternative „Anwendung oder Nichtanwendung". Hiervon hängt der Ausgang des Verfahrens ab und dies mündet in die Frage, zu wessen Lasten die Unerweislichkeit eines Tatbestandsmerkmals gehen soll, wer

---

44 Grundlegend zum Justizgewährungsgebot *Paiper*, Justizgewährungsanspruch, in: *Isensee/Kirchhoff*, Handbuch des Staatsrechts, Band VI S. 1221ff.
45 sc. sofern im übrigen alle Sachentscheidungsvoraussetzungen erfüllt sind und kein Prozeßhindernis dem entgegensteht
46 BVerfGE 40, S. 272 (275), ständige Rechtsprechung.
47 *Hoffmann-Riem*, AöR 115 (1990), S. 400 (442f).

also im Prozeß unterliegen wird, weil sich das Geschehen nicht in ausreichendem Maße nachzeichnen läßt.

Dieses Risiko des Prozeßverlustes wird als objektive oder materielle Beweislast bezeichnet[48]. Auch unter der Geltung des Untersuchungsgrundsatzes kann, wie sich gezeigt hat, die Sachverhaltsaufklärung selbstverständlich scheitern. Ebenso selbstverständlich ist es heute, daß auch dem Verwaltungsprozeß die materielle Beweislast nicht fremd ist[49].

Vereinzelt wurden Bedenken gegen die Begrifflichkeit „objektive Beweislast" laut[50]. Sie richten sich allerdings nicht gegen die Existenz des soeben dargestellten Phänomens als solches, mit ihnen soll vielmehr verdeutlicht werden, daß es sich dabei nicht um irgendwelche Sanktionen für ein Fehlverhalten oder mangelnde Mitwirkung bei der prozessualen Sachverhaltsaufklärung handelt, sondern einzig um ein Risiko, das sich aus Umständen ergibt, für das in der Regel keine der Parteien verantwortlich gemacht werden kann. Der Hinweis auf die Mißverständlichkeit des Beweislastbegriffs und die dadurch drohenden Fehlinterpretationen ist wichtig und sollte stets mitbedacht werden. Dennoch ist an der Bezeichnung objektive Beweislast nichts auszusetzen, und inzwischen hat sich die Beweislastdogmatik auch im Verwaltungsrecht zumindest so weit verfestigt, daß darüber, was mit objektiver bzw. materieller Beweislast gemeint ist, keine Unklarheiten mehr bestehen dürften.

Zusammenfassend läßt sich hier festhalten, daß auch der Verwaltungsprozeß das Phänomen der objektiven Beweislast kennt. Im oben dargestellten Sinne beschreibt es das Risiko einer Partei, im Falle einer gescheiterten Sachverhaltsaufklärung mit seinem prozessualen Begehren zu unterliegen.

2) Die Verteilung der materiellen Beweislast

Wonach aber richtet sich die Risikoverteilung des Prozeßverlustes in einer solchen „non liquet"-Situation, wer also trägt im einzelnen die materielle

---

48 Die Begriffe werden synonym verwendet, vgl. *Redecker/v. Oertzen*, VwGO § 108 Rn.11; *Nierhaus*, Beweismaß und Beweislast, S. 242, *Peschau*, Die Beweislast im Verwaltungsrecht, S. 11f.
49 *Kopp/Schenke*, VwGO § 108 Rn. 11; *Eyermann - Schmidt*, VwGO § 108 Rn. 5; *Schmitt Glaeser/Horn*, Verwaltungsprozeßrecht, S. 321; *Bachof*, Verfassungsrecht, Verwaltungsrecht, Verfahrensrecht, S. 192f.; *Büchner/Schlotterbeck*, Verwaltungsprozeßrecht, S. 197; *Schenke*, Verwaltungsprozeßrecht, S. 7.
50 So etwa *Gottwald*, JURA 1980, S. 225 (227); *Prütting*, Gegenwartsprobleme der Beweislast, S. 5.

Beweislast?

Einzelne Ideen wie Gottesurteil, Zweikampf[51], oder „Hälfte-Hälfte-Machen"[52] erscheinen zwar unter dem Gesichtspunkt der Bequemlichkeit und Praktikabilität verlockend, sind aber natürlich nicht ernst gemeint bzw. als Relikte aus grauer Vorzeit für ein kultiviertes Rechtssystem nicht akzeptabel.

Eine ausdrückliche, positiv formulierte Grundregel zur Verteilung des Prozeßrisikos im Falle nicht vollständig aufklärbarer Sachverhalte wäre eine Möglichkeit, die Behörde oder den Richter bei seiner Entscheidungsfindung in derartigen Situationen zu binden. Eine solche Grundregel kennt etwa das schweizerische Zivilrecht, wo es in Art. 8 ZGB heißt:

> „Wo das Gesetz es nicht anders bestimmt, hat derjenige das Vorhandensein einer behaupteten Tatsache zu beweisen, der aus ihr Rechte ableitet".

Im deutschen Zivilrecht hat eine entsprechende ausdrückliche Regelung zwar keinen Eingang in den Gesetzeswortlaut gefunden. Jedoch war sie bei der Schaffung des BGB in dessen erstem Entwurf von 1888 zunächst beabsichtigt und ist nur deshalb nicht in das Gesetz aufgenommen worden, weil die darin enthaltene Aussage als selbstverständlich angesehen wurde[53]. Sie ist gewissermaßen als ungeschriebene Grundregel Teil der zivilprozessualen Dogmatik[54], der Gesetzgeber hat seither durch die Formulierung neuer Rechtsnormen sein Bewußtsein von der Gültigkeit dieser Beweislastverteilung gezeigt, sie wird in allen Bereichen des privaten Rechts als selbstverständlich hingenommen[55].

Im Öffentlichen Recht ist die Situation weit weniger klar. Eine ausdrückliche, geschriebene Anweisung an den Richter zum Umgang mit einem prozessualen non liquet existiert hier ebenfalls nicht, auch ist in der verwaltungsprozessualen

---

51 *Prütting*, Gegenwartsprobleme der Beweislast, S. 120.
52 *Bettermann*, Referat zum 46. DJT 1966, S. E 27.
53 Vgl. *Zöller- Greger*, ZPO, vor § 284 Rn.17.
54 *Leipold* nennt sie „stillschweigendes Gesetzesrecht", Beweislastregeln und gesetzliche Vermutungen, S. 46. Es soll nicht verschwiegen werden, daß auch im Zivilrecht z.T. heftig über einzelne Aspekte bei der konkreten Verteilung der Beweislast diskutiert wird. Insbesondere die Frage danach, ob und wann von der erwähnten Grundregel abgewichen werden soll, taucht im Schrifttum nach wie vor auf und bietet Stoff für Auseinandersetzungen. (Zum Ganzen siehe nur etwa *Gottwald*, JURA 1980, S. 225 (230)). Einige der Argumente aus der zivilrechtlichen Diskussion lassen ich auch für das Verwaltungsrecht fruchtbar machen und werden dementsprechend auch in dieser Arbeit aufgegriffen.
55 So in jüngerer Zeit etwa *v. Holleben*, Geldersatz bei Persönlichkeitsverletzungen durch die Medien, S. 126.

Dogmatik keine dem Zivilprozeß vergleichbare allgemein anerkannte und gültige Grundregel zu erkennen. Denkbar wäre es, einen Ausweg über § 173 Satz 1 VwGO zu suchen. Nach dieser Vorschrift ist die Zivilprozeßordnung entsprechend anzuwenden, soweit die Verwaltungsgerichtsordnung keine Bestimmung über das Verfahren handelt. Hiergegen läßt sich jedoch gleich zweierlei einwenden: Die zivilprozessuale Beweislastverteilung ist eben gerade keine Vorschrift der Zivilprozeßordnung, auf die sich § 173 VwGO bezieht. Zwar sollen im Verwaltungsprozeß auch allgemeine Grundsätze des Prozeßrechts anwendbar sein[56]. Darüber hinaus verlangt § 173 VwGO jedoch, daß die grundsätzlichen Unterschiede der beiden Verfahrensarten die Übertragung nicht ausschließen darf. Ein solch grundsätzlicher Unterschied ist auch die Verschiedenheit der Verfahrensgrundsätze mit Untersuchungsgrundsatz im Verwaltungsprozeß und Verhandlungsgrundsatz im Zivilprozeß[57]. Insgesamt erscheint es also nicht zulässig, allein aufgrund der Verweisung des § 173 Satz 1 VwGO auf die Gültigkeit der zivilrechtlichen Beweislastgrundregel auch im Öffentlichen Recht zu schließen.

Stattdessen werden im verwaltungsrechtlichen Schrifttum zahlreiche „Theorien" und „Prinzipien" zur Verteilung der materiellen Beweislast diskutiert. Die Rechtsprechung scheint einem Grundgedanken zu folgen, gleichwohl finden sich die unterschiedlichen „Verteilungskriterien" aus der Literatur auch bei ihr vereinzelt wieder. Bei der Untersuchung dieser Aussagen richtet sich der Blick dabei auch auf die Frage, inwieweit verfassungsrechtliche Gründe eine Regel zur Verteilung der Beweislast vorgeben.

Der Begriff „Beweislastumkehr" gehört zum zivilprozessualen Standardwissen, dort ist er weitgehend geläufig. Dies liegt daran, daß mit ihm eine Beweislastverteilung beschrieben wird, die von derjenigen abweicht, welche sich aus der dort gültigen Grundregel ergeben würde (vgl. oben). Solche Abweichungen sind etwa im Arzthaftungsrecht, im Produkt- und Umwelthaftungsrecht oder aber bei schuldhafter Beweisvereitelung einer Partei schon seit längerem bekannt[58]. Der Blick auf den Zivilprozeß macht klar, daß von einer Beweislastumkehr vernünftigerweise nur dann gesprochen werden kann, wenn es eine „normale", „standardmäßige", „übliche" Beweislastverteilung gibt, von der dann im Wege der Beweislastumkehr „ausnahmsweise" abgewichen wird. Ohne Grundregel, ohne ein übergeordnetes Prinzip kann es also keine Beweislastumkehr geben. Wenn sich die Verteilung der Beweislast tatsächlich stets nur aus dem Gesetzeswortlaut oder aus Billigkeitserwägungen ergeben würde, dann wäre die Entscheidung nach der Beweislast, wie sie auch

---

56 *Kopp/Schenke*, VwGO, § 173 Rn. 1.
57 *Eyermann - Schmidt*, VwGO, § 173 Rn. 4.
58 Vgl. nur etwa die Aufzählung bei *Schuster*, Beweislastumkehr extra legem, S. 5ff.

immer ausfallen würde, stets nur entweder schlichte Gesetzesanwendung oder durch Auslegung ermittelte Rechtsanwendung. Ein bildliches Verständnis des Wortes Umkehr macht deutlich, was hier gemeint ist: Eine Umkehr braucht immer einen ursprünglich beabsichtigten Weg, der eigentlich hätte zu Ende gegangen werden sollen, eine Beweislastumkehr verlangt zwingend nach dem zumindest gedanklichen Bewußtsein von einer „Standard-Beweislastverteilung", die „normalerweise" hätte zum Zuge kommen sollen, von der dann aber aus irgendwelchen Gründen abgewichen wird. Wenn im folgenden also die Stimmen aus Rechtsprechung und Literatur zur Verteilung der Beweislast untersucht werden, so erfolgt dies auch deshalb, weil sich auf der Suche nach einer Definition der Beweislastumkehr für das Öffentliche Recht die Frage nach einer Grundregel und einem übergeordneten Prinzip stellt.

a. Rechtsprechung

Die Rechtsprechung sieht sich immer wieder zu Entscheidungen nach der Beweislast gezwungen, weil die von Amts wegen durchzuführende Sachverhaltsaufklärung scheitert. Eine Antwort auf die Frage nach der konkreten Verteilung der materiellen Beweislast soll sich dabei aus dem anzuwendenden Rechtssatz ergeben. Enthält dieser Rechtssatz eine ausdrückliche Anordnung hierzu, ist diese vorrangig. Ist dies nicht der Fall, so geht die Rechtsprechung davon aus, daß ein „Grundprinzip" existiert, nach dem sich gewissermaßen die „Standard-Beweislastverteilung" richtet[59]. Ob und in welcher Weise von diesem Grundsatz abzuweichen sei, könne sich nur aus den konkreten Umständen ergeben[60], entzieht sich also einer generalisierenden Betrachtung. Abweichungen bzw. Ausnahmen hält das Bundesverwaltungsgericht etwa mit Hinblick auf das Rechtsstaatsprinzip (Art. 20 Abs. 3 GG) und das Gebot der Gewährung wirksamen Rechtsschutzes (Art. 19 Abs. IV GG) für erforderlich[61].

Die Grundregel, als „allgemeiner Rechtsgrundsatz"[62], „Regel der materiellen Beweislast"[63] oder die „Grundsätze der Beweislastverteilung"[64] bezeichnet, sieht vor:
„Welche Partei die Folgen der Unaufklärbarkeit (materielle Beweislast) trägt, kann sich

---

59 Deutlich insoweit etwa BVerwGE 80, S. 296f.: „enthält diese (Norm des materiellen Rechts) keine besonderen Regelungen, so greift der allgemeine Rechtsgrundsatz ein, daß ...".
60 Siehe etwa BVerwG NJW 1994, S. 468.
61 BVerwGE 78, S. 367 (370).
62 BVerwGE 80, S. 290 (296f.).
63 BVerwGE 56, S. 79 (84f.).
64 BVerwGE 18, S. 168 (171).

(...) nur aus dem materiellen Rechtssatz ergeben derart, daß die Unerweislichkeit der Tatsachen, aus denen eine Partei ihr günstige Rechtsfolgen herleitet, zu ihren Lasten geht (...)."[65]

Warum das so ist und warum es sich hierbei gar um einen allgemeinen Rechtsgrundsatz handeln soll, der nur in ganz besonderen Fällen, wenn nämlich z.b. Rechtsstaatsprinzip und faires Verfahren in Gefahr sind, durchbrochen werden darf, läßt das Bundesverwaltungsgericht im Dunkeln. Die Aussage, dies ergebe sich aus dem materiellen Rechtssatz, ist jedoch zumindest ein Anhaltspunkt. Die Rechtsprechung wird im Falle eines non liquet also folgendermaßen vorgehen: Ausdrückliche Anordnung in der materiellen Norm? Fehlt diese, so wird nach der Grundregel entschieden, es sei denn, daß außergewöhnliche, besondere und überwiegende Gründe für ein Abweichen von dieser Regel sprechen.

b. Die Lehren *Rosenbergs* und die Grundregel der Rechtsprechung

Ausgangspunkt vieler Überlegungen sind die Lehren *Rosenbergs*, der sich seit Anfang des 20. Jahrhunderts in seinen für den Zivilprozeß bestimmten Untersuchungen mit der Beweislast beschäftigt hat. Er hat die sogenannte Normentheorie entwickelt und schreibt:

> „Diejenige Partei, deren Prozeßbegehr ohne die Anwendung eines bestimmten Rechtssatzes keinen Erfolg haben kann, trägt die Beweislast dafür, daß die Merkmale dieses Rechtssatzes im tatsächlichen Geschehen verwirklicht sind, oder - kurz gesagt - trägt die Beweislast für die Voraussetzungen des anzuwendenden Rechtssatzes."[66]

Er gelangt zu dieser Regel, indem er davon ausgeht, daß die Anwendung eines Rechtssatzes nicht nur unterbleibe, wenn der Richter vom Nichtvorhandensein der Voraussetzungen dieses Rechtssatzes *überzeugt* sei, sondern bereits dann, wenn das Vorhandensein der Voraussetzungen *zweifelhaft* bleibe: denn die Anwendung eines Rechtssatzes verlange stets die Überzeugung des Richters vom Vorliegen der tatbestandsmäßigen Voraussetzungen[67]. Den Nachteil aus der Nichtanwendung dieser Norm trage diejenige Partei, deren Prozeßbegehren von der Anwendung der Norm abhängt - sie trage somit auch die materielle Beweislast.

Rosenberg kann es für sich in Anspruch nehmen, daß sich auch das Bundesverwaltungsgericht in der Vergangenheit ausdrücklich auf ihn berufen

---

65 BVerwGE 18, S. 168 (170f.).
66 *Rosenberg*, Die Beweislast, S.12
67 *Rosenberg*, Die Beweislast, S.12

hat, wenn es auch eine Auseinandersetzung mit dessen theoretischer Herleitung und eine Beantwortung der Frage, ob die für den Zivilprozeß gewonnenen Erkenntnisse so ohne weiteres auf den Verwaltungsprozeß übertragbar sind, unterließ[68]. Die Erwähnung *Rosenbergs* in Entscheidungen des Bundesverwaltungsgerichts ist also wohl nur darin begründet, daß die Grundregel der Rechtsprechung und Rosenbergs Normentheorie *im Ergebnis* identisch sind.

c. Einwände gegen die richterliche Grundregel und die Theorie Rosenbergs

Wegen der Nähe der richterlichen Grundregel zu der Normentheorie *Rosenbergs* treffen die meisten der gegen die eine gerichteten Einwände aus der Literatur auch die andere. Deshalb werden sie hier gemeinsam in einem Abschnitt behandelt und jeweils auf ihre Berechtigung überprüft.

aa. Unzulässige Gleichsetzung

Die Gültigkeit der Lehren Rosenbergs ist bereits für das Zivilrecht nicht unumstritten[69]. Dort wird Rosenberg zunächst für das theoretische Fundament, mit der er seine Verteilungsregel untermauert, scharf angegriffen. *Leipold* wies ausdrücklich auf die Unzulässigkeit einer Gleichsetzung der Nichtanwendung wegen Zweifelns und einer negativen Entscheidung hin:

„Bei Zweifel über die Normvoraussetzungen ist die Norm weder in positiver noch in negativer Hinsicht anwendbar, die Rechtsfolge läßt sich weder bejahen noch verneinen, der Richter kann der Klage weder stattgeben noch sie abweisen. Bei Feststellung des Nichtvorliegens der Voraussetzungen dagegen ist die Norm nicht mit positivem Ergebnis anwendbar, wohl aber in negativer Hinsicht. Hieraus folgt die Rechtsfolgeverneinung und die Klageabweisung."[70]

Erst recht auf dem Gebiet des Öffentlichen Rechts bestehen erhebliche Bedenken gegen die Richtigkeit dieser Lehren, die sich, soweit sie das Verteilungsprinzip als solches meinen (und nicht nur Schwächen in *Rosenbergs* theoretischem Fundament) möglicherweise auch gegen die Grundregel der Rechtsprechung richten könnten, was zu überprüfen sein wird.

Nierhaus richtet sich, wie *Leipold*, im wesentlichen gegen die seiner Meinung nach unzulässige Gleichstellung von „nicht Erwiesenem" und „als nicht

---

68 BVerwGE 14, S. 181 (186f).
69 Dazu *Gottwald*, JURA 1980, S. 225 (230).
70 *Leipold*, Beweislastregeln und gesetzliche Vermutungen, S.33.

vorliegend positiv Festgestelltem" im Rahmen der richterlichen Subsumtion[71]. Vielmehr sei es als Ausfluß des Gebotes der Tatbestands- und Gesetzmäßigkeit zu fordern, daß für die Nichtanwendung einer Norm das Nichtvorliegen ihrer tatbestandsmäßigen Voraussetzungen ebenso feststehen müßten, wie es bei der Anwendung für das Vorliegen gelte. Es sei unzulässig und normlogisch unhaltbar, wenn man im Falle von Zweifeln über das Vorliegen rechtsfolgebegründender Tatsachen gewissermaßen „automatisch" zur Nichtanwendung des Rechtssatzes komme[72]. In seiner Argumentation findet sich das rechtsstaatliche Gebot der Gesetz- und Tatbestandsmäßigkeit. Die „Tatbestandsgebundenheit der Rechtsfolge"[73] bedeutet für ihn in diesem Zusammenhang:

„Eine Rechtsfolge *darf* nur, *muß* aber auch - von Ermessensentscheidungen abgesehen - ausgesprochen werden, wenn und soweit die tatsächlichen Voraussetzungen des materiellen Rechtssatzes vorliegen *und* vom Rechtsanwender festgestellt sind. Ohne besondere Ermächtigungsgrundlage oder Beweismaßmodifikation dürfen grundsätzlich weder die einen Beteiligten belastenden noch die ihn begünstigenden rechtserheblichen Tatsachen von Verwaltung und Verwaltungsgericht berücksichtigt werden."[74]

Wenn er damit *Rosenbergs* theoretische Begründung im Anschluß an die Ausführungen *Leipolds* auch endgültig widerlegt, sagt er mit diesem Einwand doch nichts gegen eine *Verteilung* nach der aufgestellten Formel. Es wird lediglich deutlich, daß sie mit den Ideen *Rosenbergs* nicht zu begründen ist. Und in der Tat kommt er, wie er selbst einräumt, ebenfalls zu einer Grundregel, die im Ergebnis mit der *Rosenberg'schen* Normentheorie übereinstimmt[75].

bb. Günstigkeit ist kein im Öffentlichen Recht brauchbares Kriterium

Eine Gruppe von Autoren wendet sich gegen eine Anwendung der Normentheorie speziell im Öffentlichen Recht wegen des in ihr enthaltenen Maßstabes der „Günstigkeit", welches *Rosenberg* selbst eingeführt hat[76], und welches als Kriterium von der Rechtsprechung aufgegriffen wurde[77]. Dieses

---

71 *Nierhaus*, Beweismaß und Beweislast, S. 129, *Nierhaus* BayVBl. 1978, S. 745 (752).
72 *Nierhaus*, Beweismaß und Beweislast, S. 129ff.
73 *Nierhaus*, Beweismaß und Beweislast, S.133.
74 *Nierhaus*, Beweismaß und Beweislast, S.133f.
75 *Nierhaus*, Beweismaß und Beweislast, S. 142.
76 „Jede Partei hat die Voraussetzungen der ihr *günstigen* Norm (=derjenigen Norm, deren Rechtswirkung ihr *zugute* kommt) zu behaupten und beweisen." *Rosenberg*, Die Beweislast S.98f.
77 Siehe etwa BVerwGE 18, S. 168 (170f.); 80, S. 290 (296f.).

Merkmal sei für das Verwaltungsrecht unbrauchbar[78]. Es sei zwar meist noch feststellbar, was das vom Bürger verfolgte, ihm also „günstige" Individualinteresse sei, jedoch hinsichtlich der sehr komplexen öffentlichen Interessen, die die Behörden verfolgten, sei eine entsprechende Einteilung ausgesprochen schwierig bzw. oft unmöglich[79].

Die Argumente dieser Autoren sind durchaus nachvollziehbar. In der Tat verfolgt der Staat selten ein einziges Interesse, und ob und für wen dieses dann günstig ist, läßt sich oftmals kaum mehr feststellen. Der Einwand verliert jedoch weitestgehend seine Berechtigung, wenn die Bedeutung des Begriffes „günstig" näher beleuchtet wird. Hier liegt ein Mißverständnis vor, das auf der verkürzenden und vereinfachenden Wirkung des Wortes „günstig" beruht. Es geht hier nicht darum, tatsächliche Vor- und Nachteile der Anwendung von Rechtsnormen für die Parteien zu bestimmen. Das kann den Parteien selbst überlassen bleiben. Was für eine Partei günstig ist, bestimmt diese allein durch schlichtes Geltendmachen einer Rechtsfolge. Mit dem Wort „günstig" wird allein das verkürzt umschrieben, was eine Prozeßpartei in dem Rechtsstreit begehrt. Durch die Geltendmachung eines Rechts allein legt sie fest, daß sie einen bestimmten Erfolg anstrebt. Wenn das für sie am Ende doch nachteilig („ungünstig") ist, so hindert das nicht daran, daß es im hier verstandenen Sinne günstig ist, denn es kann nicht Aufgabe des Rechts sein, schon gar nicht im Zusammenhang mit Beweislastentscheidungen, die Prozeßparteien vor ihren eigenen Fehlern zu schützen. Günstig ist es, mit einem prozessualen Begehren Erfolg zu haben (wie der „Erfolg" dann auch immer aussehen möge). Das Bundesverwaltungsgericht hat dies im übrigen längst erkannt[80]. In diesem Sinne ist auch für die Seite der Behörde leicht festzustellen, was für sie günstig ist: denn sie wird stets einen bestimmten Erfolg in dem Prozeß anstreben, der demjenigen des Prozeßgegners (Bürgers) entgegensteht. Es mag zwar, um bei dem von *Berg* erwähnten Beispiel zu bleiben[81], tatsächlich für die Behörde weder vor- noch nachteilig sein, daß ein vom Einsturz gefährdetes Gebäude

---

78 *Peschau*, Die Beweislast im Verwaltungsrecht, S.38f., *W. Berg*, Die verwaltungsgerichtliche Entscheidung bei ungewissem Sachverhalt, S.184f; *Nierhaus*, Beweismaß und Beweislast, S.407f.; *Göring*, Die Beweislast im Sozialrecht, S.67f.; *Th. Berg*, Beweismaß und Beweislast im öffentlichen Umweltrecht, S.83.
79 *Peschau*, Die Beweislast im Verwaltungsrecht, S.38f., *Berg*, Die verwaltungsgerichtliche Entscheidung bei ungewissem Sachverhalt, S.184f.
80 So heißt es in einer Entscheidung des 3. Senats (BVerwG VIZ 1998, S. 84 (86)): „Zugunsten einer Prozeßpartei wirkt sich nämlich ein tatsächlicher Umstand schon dann aus, wenn er die von ihr eingenommene Rechtsposition zu stützen vermag. Das fehlen eigener materieller Interessen hat auf die Frage der materiellen Beweislast keinen Einfluß."
81 *W. Berg*, Die verwaltungsgerichtliche Entscheidung bei ungewissem Sachverhalt, S. 184f.

abgerissen wird. Jedenfalls ist es ihr aber „günstig", wenn in einem Verwaltungsstreitverfahren festgestellt wird, daß die Anordnung zum Abriß rechtmäßig war. Ein Prozeß würde ohne widerstreitende Interessen, wie auch immer diese motiviert sein mögen, keinen Sinn machen, er setzt diese, auch im Verwaltungsrecht, voraus. Mit dem jeweiligen Interesse, den Prozeß zu gewinnen, läßt sich aber ohne weiteres feststellen, was in diesem Sinne günstig ist.

Im übrigen müßten sich diejenigen, die Einwände gegen den Begriff der Günstigkeit im Verwaltungsrecht erheben, ebenso gegen den Begriff der Beweis*last* insgesamt wenden. Denn folgte man deren Gedanken, so ließe sich gar nicht sicher feststellen, ob es denn nun tatsächlich eine *Last*, oder nicht vielmehr ein *Gewinn* wäre, das materielle Prozeßrisiko zu tragen. Dies zeigt: schon das Reden von einer Beweis*last* setzt gewissermaßen ein gedankliches Mitbewußtsein davon voraus, was dem einen günstig und dem anderen ungünstig ist. Dies festzustellen ist, wie oben nachgewiesen wurde, im Verwaltungsrecht genauso einfach, wie im Privatrecht.

cc. Fehlende Gegensätzlichkeit widerstreitender Interessen

Im Zusammenhang hiermit ist auch der vereinzelt erhobene Einwand zu sehen, dem Öffentlichen Recht fehle es an der dem Zivilrecht eigenen Gegensätzlichkeit widerstreitender Interessen[82]. Es wird mit der Behauptung argumentiert, auch der Kläger werde im öffentlich-rechtlichen Rechtsstreit gewissermaßen im öffentlichen Interesse tätig, weil durch die Entscheidung über sein prozessuales Begehren auch das objektive Verfassungsrecht gewahrt werde[83]. Diese Vorstellung läßt sich nicht ohne weiteres von der Hand weisen[84]. Allerdings dient auch der Zivilprozeß zumindest mittelbar der Bewährung des objektiven Rechts, indem er ein subjektives Recht schützt[85]. Es handelt ich dabei jedoch lediglich um eine zusätzliche Wirkung, die Verwaltungs- wie Zivilprozeß entfalten. Ohne Einfluß ist dieser Umstand auf die Motivation der Parteien zur Prozeßführung, und die besteht darin, mit dem jeweiligen prozessualen Begehren zu obsiegen. Ein Prozeß setzt, dies sei hier nochmals betont, widerstreitende Interessen ja gerade voraus. Und hier geht es allein um die

---

82 *Nierhaus*, Beweismaß und Beweislast, S. 411f.; *Kokott*, Beweislastverteilung und Prognoseentscheidungen bei der Inanspruchnahme von Grund- und Menschenrechten, S. 72.
83 *W. Berg*, Die verwaltungsgerichtliche Entscheidung bei ungewissem Sachverhalt, S. 188; *Klein* DÖV 1982, S. 797ff.
84 Hierzu auch BVerfG NJW 1989, S. 2047.
85 *Rosenberg / Schwab / Gottwald*, Zivilprozeßrecht, S. 3.

Verteilung des Prozeßrisikos für den Fall nicht aufklärbarer Sachverhalte. Insofern taugt auch die Behauptung, daß es dem Öffentlichen Recht an der dem Zivilprozeß typischen Gegensätzlichkeit der widerstreitenden Interessen fehle, nicht als Einwand gegen die Normentheorie bzw. die von der Rechtsprechung angewandte Grundregel.

dd. Zufälligkeit des Gesetzeswortlauts

Ein weiterer Einwand, der gegen die Normentheorie und deren Übertragbarkeit auf das Öffentliche Recht erhoben wird, lautet: das Öffentliche Recht sei - im Gegensatz zum materiellen Zivilrecht - nicht mit Hinblick auf dessen prozessuale Durchsetzbarkeit, auf mögliche beweisrechtliche Konsequenzen, normiert worden, vielmehr sei der Wortlaut der Normen oftmals reiner Zufall[86].

Das ließe sich ebenso gut gegen die Grundregel der Rechtsprechung sagen. Denn hier wie dort muß, um feststellen zu können, wer für welche Tatsachen die materielle Beweislast trägt, eine Einteilung der Normen dergestalt vorgenommen werden, daß sich klar unterscheiden läßt, wer sich eigentlich darauf beruft. Das Problem läßt sich folgendermaßen auf den Punkt bringen: Ob ein Recht entstanden ist oder aus bestimmten Gründen nicht entstehen konnte, besagt zwar materiell-inhaltlich das gleiche, kann aber in unterschiedlichen Gesetzeswortlaut gebracht werden. Im ersten Fall beruft sich die eine Partei auf die Entstehung des Rechts, weshalb sie nach der Grundregel die Beweislast tragen würde, im anderen Fall wäre die Gegenpartei beweisbelastet, der das Nichtbestehen des Rechts „günstig" ist.

Als Beweis für die Zufälligkeit, mit der Normen in dieser Hinsicht formuliert werden, werden immer wieder § 10 Abs. 1 Nr. 1 GüKG und § 13 Abs. 1 Nr. 2 PBefG verglichen[87]. Während nach der Vorschrift des Güterkraftverkehrsgesetzes die Zuverlässigkeit des Unternehmers und des Geschäftsführers Voraussetzung zur Erteilung der Genehmigung sei, sei nach dem Wortlaut des Personenbeförderungsgesetzes die Unzuverlässigkeit des Antragstellers ein Versagungsgrund. Sachliche Gründe seien nicht ersichtlich, warum im Falle von verbleibenden Zweifeln bei Anwendung der gerichtlichen Grundregel die

---

86 *Nierhaus*, Beweismaß und Beweislast, S. 399ff.; *W. Berg*, Die verwaltungsgerichtliche Entscheidung bei ungewissem Sachverhalt, S. 183; *Peschau*, Die Beweislast im Verwaltungsrecht, S. 38; *Kokott*, Beweislastverteilung und Prognoseentscheidungen bei der Inanspruchnahme von Grund- und Menschenrechten, S. 72f.

87 Erstmals angeführt - soweit ersichtlich - von *Bettermann* in seinem Diskussionsbeitrag auf dem 46. DJT, Bd. II, 1967, Teil E , S. 124f.; aufgegriffen von *Peschau*, Die Beweislast im Verwaltungsrecht, S. 35f.

Beweislast einmal zugunsten des Antragstellers und einmal zugunsten der Behörde verteilt sein soll[88]. Weitere Beispiele dafür, daß der Gesetzgeber bei der Formulierung von Gesetzeswortlauten oftmals willkürlich vorgeht und die Konsequenzen für die Beweislastverteilung nicht mitbedenkt, hat Nierhaus geliefert[89]. Er kommt, obwohl er auch Vorschriften mit in beweislastrechtlicher Hinsicht gelungenem Satzbau in Erwägung zieht, insgesamt zu dem Ergebnis, daß hier ein schwerwiegendes Defizit der Normentheorie zu erblicken sei[90].

ee. Zu formalistischer Ansatz der Normentheorie

Ein weiterer Einwand richtet sich gegen den zu formalistischen Ansatz der Normentheorie, er kann ebenso gut gegen die Verteilungs-Grundregel der Rechtsprechung erhoben werden[91]. Mit ihr werde dem Wortlaut und der Konstruktion einer Norm ein zu hohes Gewicht beigemessen, denn schließlich sei beides oftmals vom Zufall bestimmt. Gefahr ergebe sich daraus, daß nur auf den Satzbau und die formale Konstruktion geblickt werde und die dahinterstehenden Wertungen übersehen würden, der Rechtsanwender könne sich das eigene Nachdenken sparen[92].

Michael verweist in diesem Zusammenhang auf die Unterschiede, die sich bei der Beweislastverteilung hinsichtlich des präventiven Verbots mit Erlaubnisvorbehalt und des repressiven Verbots mit Befreiungsvorbehalt ergeben[93]. Allerdings stellt er selber fest, daß sich die Zugehörigkeit einer Vorschrift zur einen oder zur anderen Gruppe häufig nicht dem Wortlaut der Norm entnehmen ließe, sondern nur aus einer Auslegung in materieller Hinsicht hervorgehen könne. Er macht geltend, die Normentheorie mit ihrer auf formale Bezugspunkte gestützten Beweislastverteilung werde dem nicht gerecht[94].

Dies alles mag für die Normentheorie Rosenbergs gelten, ob sich diese Einwände auch gegen die vom Bundesverfassungsgericht angewendete Grundregel richten lassen, ist hingegen fraglich. Denn das Gericht selbst erkennt

---

88 *Peschau*, Die Beweislast im Verwaltungsrecht, S. 35f.
89 *Nierhaus*, Beweismaß und Beweislast, S. 405f.
90 *Nierhaus*, Beweismaß und Beweislast, S. 407.
91 *Michael*, Die Verteilung der objektiven Beweislast im Verwaltungsprozeß, S.97ff.; *Nierhaus*, Beweismaß und Beweislast, S. 407; *Kokott*, Beweislastverteilung und Prognoseentscheidungen bei der Inanspruchnahme von Grund- und Menschenrechten, S. 73.
92 *Kokott*, Beweislastverteilung und Prognoseentscheidungen bei der Inanspruchnahme von Grund- und Menschenrechten, S. 73.
93 *Michael*, Die Verteilung der objektiven Beweislast im Verwaltungsprozeß, S.97ff.
94 *Michael*, Die Verteilung der objektiven Beweislast im Verwaltungsprozeß, S.106.

diese Gefahren, indem es schreibt:

„Vorschriften des Öffentlichen Rechts bringen vielfach durch ihren Aufbau und durch ihren Wortlaut keine eindeutige Beweislastregelung zum Ausdruck."[95]

Konsequenterweise weist der *Senat* in der selben Entscheidung auch darauf hin, daß auf die materiellen Gesichtspunkte abzustellen und dem Wortlaut demgegenüber eine untergeordnete Bedeutung beizumessen sei:

„Es muß jeweils aus dem Zweck der gesetzlichen Regelung und aus dem Sachzusammenhang der betroffenen Vorschriften entnommen werden, welche Tatbestandsvoraussetzungen erfüllt sein müssen, damit eine bestimmte Rechtsfolge eintritt; erst wenn dies ermittelt ist, läßt sich im Streitfalle die Frage beantworten, wer - weil er sich auf eine bestimmte Rechtsfolge beruft - unterliegt, wenn es nach der Überzeugung der dafür zuständigen Tatsacheninstanz nicht zu klären ist, ob die die Rechtsfolge auslösenden Tatbestandsvoraussetzungen erfüllt sind."[96]

Alleine der Wortlaut ist also zur Bestimmung auch der Günstigkeit kein ausreichendes Kriteruim, es muß durch Auslegung zu den tatsächlich in der Norm enthaltenen Wertungen vorgedrungen werden. Dabei ist bei der Verteilung der Beweislast im Rahmen präventiver und repressiver Verbote folgende Überlegung maßgeblich: Mit dem repressiven Verbot bestimmt der Gesetzgeber, was er für generell gemeinschaftswidrig hält und im Regelfall verhindern will[97]. Ein bestimmtes Verhalten wird damit zunächst grundsätzlich unterbunden, lediglich in Sonderfällen kann es im Wege des Dispenses dazu kommen, daß dieses Verhalten erlaubt und damit ein Recht hierzu erst konstitutiv begründet wird[98]. Anders ist die Situation beim präventiven Verbot mit Erlaubnisvorbehalt, dessen Zweck es lediglich ist, die Gesetzmäßigkeit eines Vorhabens in einem geordneten Verfahren zunächst zu prüfen und festzustellen[99].

Dieser Unterschied muß mitbedacht werden, will man mit der Anwendung der richterlichen Grundregel auch bei präventivem und repressivem Verbot zu sachgerechten Ergebnissen kommen. Denn dann ergibt sich für die Günstigkeit folgendes: Streiten die Parteien über einen Dispens von einem repressiven Verbot und bleiben die Voraussetzungen hierfür im Unklaren, so kann sich

---

95 BVerwGE 44, S. 265 (270).
96 BVerwGE 44, S. 265 (270).
97 *Battis*, Allgemeines Verwaltungsrecht, S. 153f.
98 BVerfGE 20, S. 150 (157); *Maurer*, Allgemeines Verwaltungsrecht, S. 212.
99 BVerfGE 20, S. 150 (155); *Maurer*, Allgemeines Verwaltungsrecht, S. 209.

daraus nur eine Beweislastentscheidung zum Nachteil des Antragstellers ergeben, unabhängig vom Wortlaut der Vorschrift. Denn der „Normalfall" Nichterteilung der Genehmigung kann der Behörde nicht günstig sein. Vielmehr macht der Antragsteller eine Rechtsfolge geltend, die bisher in der Gemeinschaft keine Beachtung gefunden hat. Er verlangt eine ihm günstige Erweiterung seines Rechtskreises.

Umgekehrt ist die Situation auch hinsichtlich der Beweislastverteilung beim präventiven Verbot mit Befreiungsvorbehalt. Dort hat der Antragsteller, wenn sein Vorhaben den materiell-rechtlichen Anforderungen genügt, einen Anspruch auf die Erlaubnis[100]. Aus diesem Grunde ist in der Erteilung der Genehmigung der „Normalfall" zu sehen, welcher nicht günstig für den Antragsteller sein kann, allein deren Versagung kann eine der Behörde günstige Rechtsfolge sein. In letzterem Falle wird bei Genehmigung der Rechtskreis des Antragstellers nicht erweitert, sondern lediglich im bereits bestehenden Rahmen bestätigt. Konsequenz: Dies ist kein „günstiges" Ergebnis, sondern der Normalfall. Wird die Genehmigung hier jedoch versagt, so besteht ein echter Eingriff in den Rechtskreis des Antragstellers. Dieser kann allenfalls der Behörde günstig sein.

Die im Wortlaut oftmals mangelhaft zum Ausdruck gebrachte Unterscheidung von Präventiv- und Repressivverbot muß also nicht zu Fehlentwicklungen bei der Verteilung der Beweislast führen, sie kann durch Auslegung überwunden werden. Als Einwand gegen die Gültigkeit der Grundregel aus der Rechtsprechung taugt dieser Befund nicht.

Gleiches gilt auch für den als problematisch empfundenen Umstand, daß die Formulierung von Gesetzen oftmals auch insofern unlogisch und scheinbar nur vom Zufall abhängig ist, als daß Tatbestandsmerkmale teilweise positiv und teilweise negativ ausgedrückt werden, ohne daß hierfür nachvollziehbare Gründe vorliegen. Das von *Bettermann*[101] eingebrachte Beispiel von § 13 Abs. 1 Nr. 2 PBefG und § 10 Abs. 1 Nr. 1 GüKG sollte seither als weiterer Beleg für die Unbrauchbarkeit der Normentheorie gelten[102]. *Nierhaus* ist jedoch der Nachweis gelungen, daß gerade bei diesen beiden Vorschriften sehr wohl konsequent formuliert wurde bei der Verwendung positiver und negativer Tatbestandsmerkmale[103]. Zu diesem Ergebnis gelangt er durch Auslegung anhand folgender Überlegungen: Nach der Überschrift von § 13 PBefG würden darin die „Voraussetzungen der Genehmigung" geregelt. In § 13 Abs. 1 PBefG würden unter den Nummern 1 bis 3 Voraussetzungen genannt, die kumulativ

---

100 *Battis*, Allgemeines Verwaltungsrecht, S. 153.
101 Verhandlungen des 46. DJT 1966, Band II (Sitzungsberichte), S. 124f.
102 *Michael*, Die Verteilung der objektiven Beweislast im Verwaltungsprozeß, S. 104f.
103 *Nierhaus*, Beweismaß und Beweislast, S. 403f.

vorliegen müßten, damit es zu einer Genehmigungserteilung kommen könne. Die doppelte Verneinung in Nummer 2 („... keine Tatsachen ... Unzuverlässigkeit") entspreche logisch und sachlich dem Vorliegen der Zuverlässigkeit. Zudem zeige ein Vergleich von § 13 Abs. 1 PBefG mit dem zweiten Absatz dieser Vorschrift, daß sich im ersten Fall ein non liquet zu Lasten des Antragstellers auswirken müsse, während im zweiten Fall die Beweislast bei der Genehmigungsbehörde liege. Ein Vergleich von § 10 Abs. 1 Nr. 1 GüKG mit § 13 Absatz 1 Nr. 2 PBefG gebe für die Auslegung nichts her[104].

Auch hier gilt es demnach, durch sorgfältige Auslegung die hinter dem Gesetzeswortlaut stehenden Überlegungen herauszustellen und auf diese Weise zu einer sachgerechten Einordnung zu gelangen.

d. Ergebnis und eigener Ansatz: die Existenz einer Beweislastgrundregel

Rosenbergs Begründung für die Gültigkeit der Normentheorie hat sich als unhaltbar erwiesen. *Leipold* und *Nierhaus* haben nachgewiesen, daß die Nichtanwendung einer Norm wegen verbleibender Zweifel nicht gleichzusetzen ist mit der Nichtanwendung der Norm aufgrund einer Überzeugung vom Nichtvorliegen des materiellen Tatbestandes. Damit ist allerdings noch nichts gegen eine Beweislastverteilung nach diesem Prinzip gesagt, welches der Rechtsprechung seit Jahrzehnten zu vertretbaren Ergebnissen verhilft[105]. Eine weitere Begründung hierfür ist also erforderlich.

Einige Einwände gegen die Normentheorie und die Beweislast-Grundregel der Rechtsprechung können nach der hier vertretenen Auffassung nicht durchgreifen (Kriterium der Günstigkeit und fehlende Gegensätzlichkeit widerstreitender Interessen, oben 2. c. bb. und cc.) Allein Schwächen und Zufälligkeiten in der Formulierung des Gesetzeswortlauts (oben 2. c. dd. und ee.) lassen es zweifelhaft erscheinen, ob die Normentheorie in ihrer von der Rechtsprechung praktizierten Übertragung auf den Verwaltungsprozeß tatsächlich als eine Grundregel und ein übergeordnetes Prinzip gelten kann. Es ist also noch einmal die Frage zu stellen, ob diese Einwände geeignet sind, die Normentheorie insgesamt als Grundregel ausscheiden zu lassen. Dabei ist jedoch im folgenden zu bedenken, daß mit dieser Untersuchung Möglichkeiten des Gesetzgebers festgestellt werden sollen, in Bereichen der *Eingriffsverwaltung* die Beweislast

---

104 *Nierhaus*, Beweismaß und Beweislast, S. 403f.
105 *Peschau*, Die Beweislast im Verwaltungsrecht, S. 39, der überspitzt formuliert: „Auch die Normentheorie kann die Verwaltungsgerichte im allgemeinen nicht von vernünftigen Entscheidungen abhalten."

umzukehren. Möglicherweise ist eine Antwort einfacher, wenn der Blick insoweit auf die hierfür relevanten Normen beschränkt wird.

Die Unterscheidung zwischen Präventiv- und Repressivverbot und die sich hierbei möglicherweise ergebenden Probleme bei der Beweislastverteilung nach der Normentheorie sind bei Eingriffsnormen zunächst unerheblich. Bei den Verbotsnormen handelt es sich in der Regel um Vorschriften, anhand derer Erlaubnispflichten oder die Voraussetzungen für einen Dispens normiert werden[106], Eingriffsbefugnisse der Staates werden durch sie zunächst nicht begründet.

Soweit die Zufälligkeit einer Formulierung des Tatbestands bemängelt wurde[107], betraf sie zumindest mit § 13 Abs. 1 Nr. 2 PBefG und § 10 Abs. 1 Nr. 1 GüKG Voraussetzungen zur Genehmigungserteilung. Eingriffsnormen sind dies nicht. Auch die weiteren, als Beispiel für die Zufälligkeit der Wortwahl und die daraus resultierenden Widersprüchlichkeiten hinsichtlich der Beweislastverteilung zitierten Vorschriften[108] betreffen ausschließlich Normen, die nicht Eingriffsrechte des Staates begründen. In der Tat sind darüber hinaus auch keine weiteren Eingriffsnormen ersichtlich, bei denen es entsprechende Unstimmigkeiten festzustellen gäbe. Es ist auch nicht ersichtlich, wieso sich die Formulierung des Tatbestandes einer Eingriffsnorm als positiv oder negativ auf die Verteilung der Beweislast nach der Normentheorie auswirken könnte. In den Fällen, in denen eine Norm staatliche Befugnisse zu einem Eingriff in Rechte des Bürgers festlegt, sind die tatbestandlichen Voraussetzungen im Zweifel stets von der handelnden Behörde zu beweisen[109]. Das Eingriffsrecht ist dem Staat, so wie es nach der Normentheorie verstanden werden muß, „günstig". Es dürfte keine besonderen Auslegungsprobleme mit sich bringen, auch bei mißverständlich formulierten Tatbeständen zu diesem Ergebnis zu kommen.

Insgesamt kann also festgehalten werden, daß die gegen die Normentheorie geäußerten Bedenken zumindest für den Bereich der Eingriffsverwaltung keine Berechtigung haben.

Wenn es damit auch keinen zwingenden Grund gibt, bei gerichtlichen Streitigkeiten über Eingriffsrechte des Staates von einer Beweislastverteilung nach der Normentheorie und der richterlichen Grundregel abzuweichen, so ist

---

106 *Erichsen*, Allgemeines Verwaltungsrecht, S. 21f.
107 Siehe oben Abschnitt A II. 2. c).
108 *Nierhaus*, Beweismaß und Beweislast, S. 402ff., siehe dazu oben Abschnitt A II. 2. c).
109 *Kopp/Schenke*, VwGO § 108 Rn. 15; *Eyermann - Geiger*, VwGO § 86 Rn. 2; *Redeker/v. Oertzen*, VwGO § 108 Rn. 12; *Nierhaus*, Beweismaß und Beweislast, S. 141.

jedoch auch noch nichts für deren Gültigkeit gesagt, insbesondere auch dafür, warum es sich, nach der Auffassung des Bundesverwaltungsgerichts dabei um einen „allgemeinen Rechtsgrundsatz"[110], eine „Regel der materiellen Beweislast"[111] oder schlichtweg um den „Grundsatz der Beweislastverteilung"[112] handeln soll. Die schlichte Existenz der Grundregel, ihre Anwendung durch die Rechtsprechung oder gar die Annahme, hierbei handele es sich um so etwas wie „Weltgewohnheitsrecht"[113], können kaum als Antwort ausreichen. Es müssen weitere, grundsätzliche Erwägungen hinter dieser Grundregel stehen.

Diese muß also noch einmal näher untersucht werden. Nach der Rechtsprechung des Bundesverwaltungsgerichtes lautet sie:

> „Welche Partei die Folgen der Unaufklärbarkeit (materielle Beweislast) trägt, kann sich (...) nur aus dem materiellen Rechtssatz ergeben derart, daß die Unerweislichkeit der Tatsachen, aus denen eine Partei ihr günstige Rechtsfolgen herleitet, zu ihren Lasten geht (...)."[114]

Anders gewendet ließe sich also auch sagen, daß die zweifelhaft gebliebene Tatsache als nichtexistent zu betrachten ist.

Der Gedanke, daß jede Partei die Tatsachen zu beweisen habe, von deren Vorliegen ihr Erfolg in dem Rechtsstreit abhängt, leuchtet auf den ersten Blick bereits dem juristischen Laien ein, wird sogleich als „gerecht" empfunden[115]. Diese Einsichtigkeit beruht darauf, daß die Grundregel der Stellung der Prozeßparteien zum angestrebten Erfolg Rechnung trägt: wer etwas verändern will, muß auch beweisen, daß die Voraussetzungen für diese Veränderung gegeben sind. Juristisch gewendet: es wird von demjenigen, der sich auf eine Norm im Prozeß beruft, eine Rechtsfolge (dieser Norm) geltend gemacht, die bisher keine Beachtung gefunden hat. Nun soll diese Rechtsfolge und die mit ihr verbundene Veränderung der bisherigen Situation jedoch von der Rechtswelt anerkannt werden. Damit ist die Grundregel, daß er die Voraussetzungen hierfür beweisen muß, Ausdruck des Prinzips *„in dubio pro status quo"*[116]. Dieses

---

110 BVerwGE 80, 290 (296f.).
111 BVerwGE 56, 79 (84f.).
112 BVerwGE 18, 168 (171).
113 Dazu *Prütting*, Gegenwartsprobleme der Beweislast, S. 277 m.N.
114 BVerwGE 18, S. 168 (170f.).
115 was für ihn spricht, denn schließlich muß ein jeder sich auf das ihn erwartende Prozeßrisikoeinstellen können.
116 *Leipold*, Beweislastregeln und gesetzliche Vermutungen, S. 48; *Peschau*, Die Beweislast im Verwaltungsrecht, S. 40f.; *Prütting*, Gegenwartsprobleme der Beweislast, S. 251, 277; teilweise wird dieses Prinzip als eigenständiges Beweisverteilungskriterium behandelt, siehe dazu nur *Dürig*, Die Beweislast im Asylrecht, S.120f. m.w.N.

Prinzip basiert seinerseits auf der Überlegung, daß die hergebrachte Situation „eher erträglich" ist, eher akzeptiert werden kann, als die angestrebte Veränderung. Es handelt sich dabei also um eine Art „widerlegliche Vermutung für die Vernünftigkeit der Tradition"[117]. Für diese Vermutung lassen sich zahlreiche Gründe nennen. Es war bereits mehrfach zu hören, daß sie den Rechtsfrieden schütze, da sie das leichtfertige Eindringen in fremde Rechtskreise verhindere[118]. Wer eine Veränderung anstrebe, müsse die Voraussetzungen hierfür schaffen, dies sei ein allgemeines Prinzip, welches auch etwa in wissenschaftlichen oder politischen Auseinandersetzungen die Argumentationslast verteile und somit auch Grundsatz der praktischen Vernunft sei[119].

Doch auch aus den allgemeinen Prinzipien der Verfassung lassen sich Gründe für das Prinzip in dubio pro status quo herleiten: als Geltungsgrund für die Grundregel zur Bewältigung ungewisser Sachverhalte im Verwaltungsprozeß ist es die Rechtfertigung für die Verteilung potentiellen Unrechts: Einer Beweislastentscheidung wohnt stets das Risiko inne, daß sie Unrecht ist, weil sie der tatsächlichen, aber unaufklärbaren Sachlage möglicherweise zuwiderläuft. Wenn schon das Risiko hypothetischen Unrechts verteilt werden muß, so stellt sich die Frage, wem die Erduldung dieses Unrechts eher zuzumuten ist. Wenn überhaupt eine vom konkreten Einzelfall losgelöste Antwort auf diese Frage möglich ist, so muß sie zu Lasten des Veränderers ausfallen: denn in einem Rechtsstaat ist zunächst einmal davon auszugehen, daß alle Verhältnisse rechtlich geordnet sind und der gegenwärtige Zustand eher mit der Rechtsordnung übereinstimmt als ein irgendwie veränderter. Dieser Aussage dürften im öffentlichen Recht sogar weitaus weniger Bedenken gegenüberstehen als für den Bereich des Privatrechts. Denn während dort einzelne Bürger zunächst (bevor sie eine Entscheidung des Gerichts erlangen) „unkontrolliert" und nur ihrem eigenen Vorteil verpflichtet um rechtliche Positionen streiten, stellen die Träger der öffentlichen Gewalt Teile eines Systems dar, welches rechtsstaatlich organisiert ist. Sie sind entsprechend den Festlegungen des Art. 20 Abs. 1 und Abs. 2 Satz 1 GG in der Regel - wenn auch in unterschiedlichem Grade[120] - persönlich wie materiell demokratisch legitimiert[121]. Bereits aus diesem Grunde stehen Hoheitsträger weniger im „Verdacht", ihr Handeln sei möglicherweise unrecht, als dies für Subjekte des Privatrechts gilt. Im Verwaltungsrecht geht es aber stets darum, Streitigkeiten zwischen Staat und

---

117 *Peschau*, Die Beweislast im Verwaltungsrecht, S. 42.
118 *Prütting*, Gegenwartsprobleme der Beweislast, S. 281; *Gottwald*, JURA 80, S. 225 (234); *Peschau*, Die Beweislast im Verwaltungsrecht, S. 40.
119 *Peschau*, Die Beweislast im Verwaltungsrecht, S. 41.
120 *Maunz/Dürig - Herzog*, GG Art. 20 II, Rn.74ff.
121 *Maunz/Dürig - Herzog*, GG Art. 20 II, Rn.46ff.

Bürger zu entscheiden. Grundsätzlich sind daher nur zwei Konstellationen denkbar: Entweder, daß der Bürger dem Staat gegenüber eine Rechtsfolge geltend macht, er also eine Veränderung anstrebt, der sich die Verwaltung entgegenstellt. Nach dem hier gesagten fällt es nicht schwer, dem Bürger die materielle Beweislast dafür aufzubürden. Oder der Staat beruft sich auf eine Rechtsfolge gegenüber dem Individuum, indem er etwa einen Eingriff in die Rechte des Bürgers vornimmt. In diesem Fall will der Staat auf der Grundlage einer im Tatsächlichen unsicheren Situation eine Veränderung der bis dato bestehenden, rechtlich wie tatsächlich sicheren Lage erreichen. Daher ist es mit den selben Argumenten für diese Fälle zu rechtfertigen, dem Staat als Veränderer mit der Grundregel die materielle Beweislast aufzuerlegen.

Ein Vergleich mit der Situation im Zivilrecht verdeutlicht dies: Während der Bürger zunächst allein seine eigenen Interesse verfolgt, ist ein Träger von hoheitlicher Gewalt auf das Gemeinwohl des Rechtsstaates verpflichtet. Der „status quo" im öffentlichen Recht basiert dabei auf dem bisherigen Tun oder Unterlassen dieser Hoheitsträger. Jeder öffentlich-rechtliche Zustand hat gewissermaßen bereits einmal die „Mühlen der Verwaltung" durchlaufen: staatliche Fördermittel sind bewilligt oder abgelehnt worden, eine Betriebserlaubnis wurde erteilt, eine Zulassung zum Staatsexamen verwehrt usw.. Es spricht einiges dafür, angesichts von Unklarheiten bei den tatsächlichen Voraussetzungen einer Veränderung, von der Vernünftigkeit dieses Zustandes auszugehen.

Der erste Einwand, der sich gegen diese Annahme anbietet, ist der, daß die Verwaltung keineswegs immer rechtmäßig handelt. Es läßt sich mit Blick auf verwaltungsgerichtliche Entscheidungen nicht einmal sagen, ob sie dies in der Mehrzahl der Fälle tut. Diese Aussage mag zutreffen, sie taugt indes nicht als Einwand gegen das hier gesagte. Denn es soll damit gar nicht versucht werden, der öffentlichen Gewalt ein gutes Zeugnis für ihr Handeln auszustellen. Vielmehr geht es nur darum, die hergebrachte Situation als eher mit dem Gesetz vereinbar darzustellen, als es eine möglicherweise veränderte Situation wäre. Der gegenwärtige Zustand war nämlich bereits einmal Gegenstand eines Verwaltungs-, möglicherweise sogar eines Verwaltungsgerichtsverfahrens. Er ist hervorgegangen aus einem Verfahren, welches rechtsstaatlich organisiert und abgesichert ist. Fand keine gerichtliche Überprüfung statt, so ist dies als ein zusätzliches Anzeichen dafür zu bewerten, daß der Zustand durch die von ihm Betroffenen als nicht völlig unannehmbar erachtet wurde. Das spricht deutlich für dessen Vernünftigkeit. Die Gefahr eines Zirkelschlusses dieser Argumentation wird nicht übersehen: Denn es kann nicht ein Zustand als erträglich eingestuft werden, weil er noch nicht gerichtlich überprüft war, um dann mit diesem Argument eine Beweislastentscheidung in einem

Gerichtsverfahren genau über diesen Zustand zu rechtfertigen. Denn es ist ja gerade so, daß jemand den bestehenden Zustand als unerträglich eingestuft hat und dagegen gerichtlich vorgeht. Bei näherer Betrachtung zeigt sich jedoch, daß dieser Einwand nicht greift, er setzt gewissermaßen eine „Runde" zu spät an: Bei jedem Verwaltungsrechtsstreit ist entweder „der Staat" oder „der Bürger" der Veränderer. Eine Veränderung ist stets beabsichtigt. Es muß nun aber der Zustand, der mit der Veränderung geschaffen werden soll, mit dem Zustand verglichen werden, der beim Hinwegdenken der umstrittenen Veränderung geschaffen werden soll. Wer sich dies klar macht, dem leuchtet nach dem oben gesagten ein, daß die Argumente für die leichtere Erträglichkeit des ursprünglichen Zustandes überwiegen.

Ein zweiter Einwand könnte lauten, daß hier zu sehr zu Lasten des Bürgers und zugunsten der Verwaltung argumentiert werde. Dies trifft schon deshalb nicht zu, weil es nicht um das Verwaltungshandeln als solches, sondern um die Würdigung der Ergebnisse geht, die die rechtliche „Übung" hervorgebracht hat, also um den gegenwärtigen Stand der Beziehungen zwischen Bürger und Staat. Der ist aber nicht nur Ergebnis des Handelns von Hoheitsträgern, sondern beruht ebenso auf dem Verhalten der Bürger, gegebenenfalls auch nur auf dem Unterlassen von gerichtlichen Schritten gegen staatliches Handeln (s.o.). Zugleich, und das sei hier nochmals hervorgehoben, geht es weniger um das Verwaltungshandeln als solches, als um den durch dieses hervorgerufenen Zustand.

Schließlich mag man einwenden, daß diese Argumentation auf nichts weiterem als dem Operieren mit Wahrscheinlichkeiten beruht. Damit bewegte man sich auf ebenso unsicherem Terrain wie jeder, der die Beweislast auch nach der konkreten oder abstrakten Wahrscheinlichkeit verteilen will. Es geht hierbei jedoch (noch) nicht um die Verteilung der Beweislast. Die oben angestellten Überlegungen sollen ausschließlich erklären, warum grundsätzlich der „status quo" als vernünftig und erträglich anzusehen ist, um die Normentheorie im Verwaltungsprozeß und die in ihr enthaltene Aussage „in dubio pro status quo" als Grundregel zu rechtfertigen. Es wird nicht in Abrede gestellt, daß sie auch Schwächen hat. Deshalb ist ihre Durchbrechung auch mitunter notwendig, die Verteilung der Beweislast wird im Ergebnis sogar nicht selten ganz anders ausfallen, als es die starre Anwendung der Grundregel vorgeben würde. So verstanden können die möglichen Einwände gegen die Aussage, im Zweifel sei der gegenwärtige Zustand eher zu ertragen, als ein veränderter, nicht als Angriffe gegen die Gültigkeit dieser Aussage im Grundsatz, sondern vielmehr als Ansatzpunkte zur Rechtfertigung einer Abweichung davon verstanden werden.

Es hat sich gezeigt, daß die Grundregel der Beweislastverteilung keinesfalls allein in dem brüchigen Fundament der *Rosenberg'schen* Theorie seine Begründung hat. Vielmehr sind es neben allgemeinen Gerechtigkeitserwägungen auch der Verfassung zu entnehmende Prinzipien, die eine Verteilung der materiellen Beweislast nach dieser Regel rechtfertigen. Hier ist an erster Stelle das Rechtsstaatsprinzip zu nennen.

Ob es sich dabei jedoch um eine *Grund*regel handelt, kann erst beantwortet werden, wenn ihr Verhältnis zu anderen Möglichkeiten und Wegen untersucht wurde, die zur Verteilung der Beweislast bestehen und die in der Literatur diskutiert werden.

e. Stellungnahmen der Literatur; weitere „Prinzipien" zur Beweislastverteilung

Die zahlreichen Literaturstimmen zur Beweislastverteilung im Verwaltungsrecht lassen die klare Vorstellung, die das Bundesverwaltungsgericht mit seiner Grundregel von der Verteilung der materiellen Beweislast vermittelt, zunächst schnell verschwimmen. Es findet sich hier eine Fülle unterschiedlicher „Prinzipien", nach denen sich die Beweislastverteilung richten soll. In zahlreichen Schriften zum Thema, gerade auch aus jüngerer Zeit, werden unterschiedliche Regeln oder Prinzipien der Beweislastverteilung aufgezählt und es entsteht der Eindruck, daß diese gegeneinander in Konkurrenz stünden, wenn Vor- und Nachteile gegeneinander abgewogen werden[122]. Dabei ist nicht immer klar ist, in welchem Verhältnis diese zueinander stehen. Wenn am Ende solch einer Diskussion die Feststellung zu lesen ist,

„all das bedeutet, daß es letzten Endes in jedem konkreten Falle erforderlich ist, die materiellen Konsequenzen einer Beweislastentscheidung miteinander zu vergleichen und gegeneinander abzuwägen."[123],

so ist diese Aussage gerade bei der Suche nach dem, was im Verwaltungsrecht unter einer Beweislastumkehr zu verstehen ist, wenig befriedigend. Wie die weiteren Vorschläge, die den verschiedenen Äußerungen zur

---

122 Siehe nur etwa *Th. Berg*, Beweislast und Beweismaß im öffentlichen Umweltrecht, S. 79ff., *Göring*, Die Beweislast im Sozialrecht, S. 63ff. und 69ff.; *Kokott*, Beweislastverteilung und Prognoseentscheidungen bei der Inanspruchnahme von Grund- und Menschenrechten, S.71ff.

123 *Th. Berg*, Beweislast und Beweismaß im öffentlichen Umweltrecht, S. 100, der diese Analyse freilich selbst als unbefriedigend empfindet (S.98). Ähnlich äußert sich etwa auch *Göring*, Die Beweislast im Sozialrecht, S. 85.

Beweislastverteilung zu entnehmen sind, verstanden werden müssen, und ob sie die soeben diskutierte Grundregel tatsächlich in ihrer Funktion als gemeinsames Prinzip und über den Einzelfall hinaus gültige Regel - zumindest für den Bereich der Eingriffsverwaltung - verdrängen können, soll im folgenden untersucht werden. Einige dieser Prinzipien können inzwischen getrost als überholt angesehen werden, wie etwa eine Verteilung der Beweislast nach der Klageart bzw. Parteistellung[124]. Es sind jedoch auch Stimmen zu vernehmen, die ein vorherrschendes Prinzip, zumindest teilweise, anerkennen wollen.

aa. Das „Regel-Ausnahme-Prinzip"

Als eigenständiges Prinzip zur Beweislastverteilung wird vielfach das sogenannte „Regel-Ausnahme-Verhältnis" behandelt[125]. Es stützt sich auf einige ältere Entscheidungen des Bundesverwaltungsgerichts[126] und weist demjenigen die materielle Beweislast zu, der sich auf eine „Ausnahmevorschrift" beruft. Dabei hängt die Qualifizierung als Regel bzw. als Ausnahme einerseits von der allgemeinen Lebenserfahrung ab. Die Regelnorm solle eine Aussage enthalten, die statistisch wahrscheinlicher mit der Wirklichkeit übereinstimme, während die Ausnahmenorm i.d.R. einen unwahrscheinlicheren Sachverhalt umschreibe[127]. Darüber hinaus solle es dem Gesetzgeber bei der Formulierung einer Norm weitestgehend freigestellt sein, ob er sie als Regel- oder Ausnahmenorm abfasse[128].

Als Grundprinzip taugt das „Regel-Ausnahme-Prinzip" schon deshalb nicht, weil sich nicht jede Norm sicher in dieses Schema einteilen läßt[129]. Es ist bei der

---

124 Das Bundesverwaltungsgericht hat in einer frühen Entscheidung (BVerwGE 3, S. 245f.) geäußert: „Bei der Anfechtungsklage trägt in der Regel der Kläger die Beweislast." Diese - in der Literatur auf nahezu einhellige Ablehnung gestoßene - Haltung hat das Gericht schon kurze Zeit später (BVerwGE 7, S. 242ff.) selbst wieder aufgegeben. Gleichwohl wird bis in die jüngste Zeit immer wieder über dieses „Prinzip der Beweislastverteilung" diskutiert, vgl. nur etwa *Th. Berg*, Beweismaß und Beweislast im öffentlichen Umweltrecht, S. 79f.; *Göring*, Die Beweislast im Sozialrecht, S. 61f.
125 *Peschau*, Die Beweislast im Verwaltungsrecht, S.42f.; *Sonntag*, Die Beweislast bei Drittbetroffenenklagen, S. 17; *Th. Berg*, Beweismaß und Beweislast im öffentlichen Umweltrecht, S.85.
126 BVerwGE 3, S. 308 (309ff.); 5, S. 31 (34); 9, S. 97 (100); 13, S. 36 (41f.).
127 *Sonntag*, Die Beweislast bei Drittbetroffenenklagen, S. 17.
128 *Peschau*, Die Beweislast im Verwaltungsrecht, S. 47.
129 Man denke nur etwa an das Recht der Kriegsdienstverweigerung: Ist die allgemeine Wehrpflicht die Regel und die Befreiung hiervon gemäß Art. 4 Abs. 3 GG die Ausnahme? Kann es ein „Ausnahmetatbestand sein, sich auf ein Grundrecht zu berufen? Vgl. zur Diskussion hierüber *Kokott*, Beweislastverteilung und Prognoseentscheidungen bei der Inanspruchnahme von Grund- und Menschenrechten,

Mehrzahl der Fälle kaum möglich, sicher zu beurteilen, ob es sich dabei um die Regel oder die Ausnahme handeln solle. Doch selbst wenn sich noch statistisch ermitteln ließe, daß ein bestimmtes Verhalten etwa die Ausnahme darstellt, so kann durch dieses Prinzip oftmals keine Beweislastverteilung erreicht werden, die den verfassungsrechtlichen Grundentscheidungen gerecht würde. So ist etwa im Bereich des Asylrechts der nicht verfolgte Ausländer statistisch sicher die Regel und der tatsächlich verfolgte wohl die Ausnahme. Gleichwohl wäre es falsch und der Bedeutung des Asylrechts nicht angemessen, mit dem Hinweis auf die Ausnahmestellung des Asylanten dessen Grundrecht zur Ausnahme zu machen[130]. Das „Regel-Ausnahme-Prinzip" ist demnach von vielerlei Unsicherheiten geprägt und als (Grund-)Regel zur Beweislastverteilung im Verwaltungsrecht daher nicht geeignet.

bb. Beweisnähe, Einflußsphäre, Gefahren- und Verantwortungsbereich

Als weiteres Kriterium wird Beweisnähe, Einflußsphäre und der Gefahren- und Verantwortungsbereich, kurz die persönliche Sphäre der jeweiligen Partei genannt[131]. Es sei dem verfassungsrechtlichen Gebot eines rechtsstaatlich fairen Verfahrens und der Waffengleichheit der Prozeßbeteiligten geschuldet, bei der Handhabung der Beweislastverteilung sich auch am Sphärengedanken zu orientieren und zu fragen, wem die Verantwortung für den unaufgeklärt gebliebenen Beweisgegenstand zuzurechnen sei[132].

Als eigenständiges, gar als allgemeingültiges Prinzip zur Beweislastverteilung ist der Sphärengedanke jedoch nicht zu gebrauchen. Dies gilt auch deshalb, weil sich in der Anwendung dieses Kriteriums nur schwer bzw. teilweise sogar überhaupt nicht herausfinden lassen dürfte, wer welchem zu beweisenden Umstand näher ist. Gerade im Bereich der Eingriffsverwaltung wäre es mit den dem Untersuchungsgrundsatz zugrunde liegenden verfassungsrechtlichen Erwägungen[133] nur schwer zu vereinbaren, wenn man grundsätzlich dem Bürger die materielle Beweislast für das Vorliegen der Eingriffsvoraussetzungen auferlegen wollte, nur weil das Eingreifen auf Umständen beruht, die in seine

---

S. 82.
130 *Dürig*, Beweismaß und Beweislast im Asylrecht, S. 105.
131 *Ewer/Rapp* NVwZ 1991, S. 549ff.; *Nierhaus*, Beweismaß und Beweislast, S. 470ff; siehe auch *Peschau*, Die Beweislast im Verwaltungsrecht, S. 56; *Kokott*, Beweislastverteilung und Prognoseentscheidung bei der Inanspruchnahme von Grund- und Menschenrechten, S. 88; *Dürig*, Beweismaß und Beweislast im Asylrecht, S. 102.; *Schwab*, Zur Abkehr moderner Beweislastlehren von der Normentheorie, in: Festschrift für Hans-Jürgen Bruns, S. 505 (518).
132 *Nierhaus*, Beweismaß und Beweislast, S. 470f.
133 Dazu siehe oben Abschnitt A. II. 1.

Verantwortungssphäre fallen. Weitere Probleme bei der Anwendung des Sphärengedankens ergeben sich im Falle von Drittbetroffenenklagen. Wegen der Komplexität der dabei berührten Interessen läßt sich die unklar gebliebene Tatsache oftmals nicht ohne weiteres der Sphäre eines der Hauptverfahrensbeteiligten zuordnen[134]. *Nierhaus* selbst bezeichnet den Sphärengedanken als „ergänzenden Beweislastverteilungsgrundsatz"[135]. Er kann also allenfalls Ausgangspunkt für weitere Überlegungen sein.

cc. „In dubio pro libertate"

Unter dem Titel in „dubio pro libertate" ist ein weiteres Prinzip zur Verteilung der materiellen Beweislast zusammengefaßt worden[136]. Danach soll bei Eingriffen des Staates in Freiheitsrechte des Einzelnen stets der Staat die Beweislast für das Bestehen der tatsächlichen Voraussetzungen tragen[137]. Hierfür spreche eine Ausgangsvermutung zugunsten der Vernünftigkeit des Menschen, der sich wahrscheinlich rechtmäßig verhalten werde und in der Lage sei, sich selbst zu versorgen. Diese Vermutung gebiete schon die Unantastbarkeit der Menschenwürde nach Art. 1 Abs. 1 GG[138] sowie eine empirisch begründbare Wahrscheinlichkeitsregel[139]. Nimmt man dies an, so gelange man zu dem Ergebnis, daß jeder Eingriff des Staates die Ausnahme sei, die besonders zu begründen sei. Diese Begründung sei an das Vorliegen von Tatsachen gebunden, die dafür sprechen, die Freiheit einzuschränken, blieben diese jedoch im Unklaren, so müsse sich das zu Lasten des Staates und zu Gunsten der Freiheit auswirken[140].

Der Satz „in dubio pro libertate" erscheint dennoch als Regel zur Beweislastverteilung unbrauchbar. Zum einen ist keinesfalls sicher oder auch nur überwiegend wahrscheinlich, daß der Bürger tatsächlich spontan rechtmäßig handeln werde, ob dies empirisch belegt werden könnte, ist zweifelhaft[141]. Es ließe sich ebenso gut sagen, daß eine Ausgangsvermutung zugunsten der

---

134 *Sonntag*, Die Beweislast bei Drittbetroffenenklagen, S. 24.
135 *Nierhaus*, Beweismaß und Beweislast, S. 471.
136 *Auer*, Die Verteilung der Beweislast im Verwaltungsstreitverfahren, S. 80; *Schneider*, in dubio pro libertate, in: Hundert Jahre deutsches Rechtsleben, S. 263ff.; *Weber-Grellet*, Beweis- und Argumentationslast im Verfassungsrecht, S. 41.
137 *Auer*, Die Verteilung der Beweislast im Verwaltungsstreitverfahren, S. 80.
138 *Schneider*, in dubio pro libertate, in: Hundert Jahre deutsches Rechtsleben, S. 274ff.
139 *Schneider*, in dubio pro libertate, in: Hundert Jahre deutsches Rechtsleben, S. 269.
140 *Auer*, Die Beweislast im Verwaltungsstreitverfahren, S. 78f.
141 Dieser Beleg steht jedenfalls noch aus. Siehe *W. Berg*, Die verwaltungsgerichtliche Entscheidung bei ungewissem Sachverhalt, S. 93.

staatlichen Hoheitsträger und der Rechtmäßigkeit ihres Handelns spreche[142]. Zum anderen läßt sich auch nicht immer sicher sagen, welche (Beweislast-) Entscheidung die freiheitlichere ist. Das muß insbesondere dann gelten, wenn der Staat in die Freiheiten des einen eingreift, um die Freiheit eines anderen zu schützen bzw. wieder herzustellen. Mehr als ein Anstoß zur Argumentation im Einzelfall läßt sich dem Satz in dubio pro libertate somit nicht entnehmen, ein allgemeingültiges Prinzip zur Verteilung der Beweislast stellt er nicht dar.

dd. „In dubio pro auctoritate"

Schließlich wird der Satz „in dubio pro auctoritate" als weiteres Prinzip der Beweislastverteilung diskutiert[143]. Er bildet, wie bereits angesprochen wurde, den Gegensatz zur Freiheitsvermutung „in dubio pro libertate" und kann zumindest für sich in Anspruch nehmen, daß der Blick auf den Ausgang der meisten verwaltungsgerichtlichen Streitigkeiten zumindest statistisch die mit ihm verbundene Annahme zu stützen scheint, daß die staatlichen Hoheitsträger in der Mehrzahl der Fälle rechtmäßig handeln[144]. Als ein tatsächlich brauchbares Kriterium zur Verteilung des Prozeßrisikos im Falle von unklar gebliebenen Sachverhalten wird dieser Satz jedoch heute allgemein nicht mehr gesehen, vielmehr wird er nur noch als hypothetisches Denkmodell zitiert[145]. Der Grund hierfür liegt, wie auch bei der Verteilung der Beweislast nach dem Prinzip „in dubio pro libertate" darin, daß es eine Vermutung weder für die Rechtmäßigkeit von Verwaltungsakten geben kann, noch eine dagegen. Die auf rein formelle Aspekte ausgerichtete Vermutung vermag den tatsächlichen und rechtlichen Verhältnissen nicht gerecht zu werden[146].

ee. Zusammenfassung

Neben den vorstehend aufgezählten wird auch noch das Prinzip „in dubio pro

---

142 Dazu sogleich unten das Prinzip „in dubio pro auctoritate".
143 *Prütting*, Gegenwartsprobleme der Beweislast, S. 247; *Sonntag*, Die Beweislast bei Drittbetroffenenklagen, S. 47; W. *Berg*, Die Verwaltungsgerichtliche Entscheidung bei ungewissem Sachverhalt, S. 190; *Peschau*, Die Beweislast im Verwaltungsrecht, S. 70; *Kokott*, Beweislastverteilung und Prognoseentscheidungen bei der Inanspruchnahme von Grund- und Menschenrechten, S. 86.
144 W. *Berg*, Die verwaltungsgerichtliche Entscheidung bei ungewissem Sachverhalt, S. 190.
145 W. *Berg*, Die verwaltungsgerichtliche Entscheidung bei ungewissem Sachverhalt, S. 191 m.w.N.
146 *Kokott*, Beweislastverteilung und Prognoseentscheidungen bei der Inanspruchnahme von Grund- und Menschenrechten, S. 87f.

status quo" als eigenständiges Kriterium zur Beweislastverteilung behandelt[147]. Wie sich bereits gezeigt hat, ist das Prinzip von der Erhaltung des status quo und die darin enthaltene Vermutung für die Vernünftigkeit der Tradition ein wichtiger Gesichtspunkt für die Rechtfertigung der richterlichen Grundregel[148]. Die Nähe zu ihr und zur Normbegünstigungsregel wird auch von denjenigen, die diesen Satz als eigenständiges Prinzip zur Beweislastverteilung diskutieren, zumeist erkannt[149]. Es erübrigt sich also, gesondert darauf einzugehen.

Die nähere Betrachtung hat gezeigt, daß einige der oben erwähnten „Verteilungsprinzipien" im Kern auf den gleichen oder ähnlichen Überlegungen basieren, wie sie hier zur Begründung des von der Rechtsprechung angewendeten Rechtsgrundsatzes der Normentheorie als beweislastrechtliche Grundregel angeführt wurden. Andere Kriterien haben sich als nicht tragbar herausgestellt oder müssen deshalb als allgemeingültiges Prinzip ausscheiden, weil sie entweder nicht in jedem Fall anwendbar sind, oder erkennbar in vielen Fällen zu nicht sachgerechten Lösungen führen würden.

Es bleibt, das Verhältnis der einzelnen Beweislastverteilungs-Kriterien zueinander zu klären. Ist es nun so, daß der Rechtsanwender sich je nach Situation und konkreter Fallgestaltung des zu beurteilenden Sachverhalts die passende Verteilungsregel aussuchen könnte? Dies kann schon deshalb nicht zulässig sein, weil mit den unterschiedlichen Prinzipien auch verschiedene Ergebnisse erzielt werden können. Einerseits kann es dem Richter nicht vollkommen freigestellt sein, wie er das Prozeßrisiko im Falle eines non liquet verteilt, dies ergibt sich schon aus der Bindung des Richters an Gesetz und Verfassung (Art. 20 Abs. 3, Art. 97 Abs. 1 GG, § 1 GVG)[150]. Es muß besondere gesetzmäßige Gründe dafür geben, warum die Verteilung so und nicht anders erfolgt. Diese Gründe muß der Richter auch kennen und angeben[151].

Nach der hier vertretenen Auffassung hat die Verteilung nach dem Grundprinzip zu erfolgen, daß die zweifelhaft gebliebene Tatsache als nicht existent zu behandeln ist. Nur in dem Fall, daß sich Anhaltspunkte für weitere, davon abweichende Überlegungen aus dem materiellen Recht oder aus der Verfassung ergeben, kann von diesem Grundprinzip abgewichen werden: Dies könnte etwa

---

147 *Nagler*, Dogmatische Strukturen der Beweislast im Öffentlichen Recht, S. 99; *Sonntag*, Die Beweislast bei Drittbetroffenenklagen, S. 31; *Th. Berg*, Beweismaß und Beweislast im öffentlichen Umweltrecht, S. 86; *Peschau*, Die Beweislast im Verwaltungsrecht, S. 40.
148 Siehe oben Abschnitt A II. 2. d).
149 *Sonntag*, Die Beweislast bei Drittbetroffenenklagen, S. 31f.; *Nagler*, Dogmatische Strukturen der Beweislast im Öffentlichen Recht, S. 101.
150 *Nierhaus*, Beweismaß und Beweislast, S. 198,
151 *Starck*, VVDStRL 34 (1976), S. 43 (71f.).

auch die Sphärenverantwortlichkeit für einzelne zweifelhaft gebliebene Tatsachen gebieten. Der Vorrang der Normentheorie in Gestalt der richterlichen Grundregel ergibt sich aus den ihr zugrunde liegenden, auch verfassungsrechtlichen Wertungen[152]. Die Gründe für ein Abweichen von ihr müssen die Gründe für ihre Anwendung überwiegen.

Entsprechend stellt sich das Verhältnis zwischen der Grundregel und den anderen „Prinzipien" dar: Die Grundregel ist der „Normalfall" und der Ausgangspunkt, mit der in der Mehrzahl der Fälle sachgerechte und zutreffende Ergebnisse erzielt werden können und auch erzielt werden. Von ihr und den durch sie gewonnenen Ergebnissen kann und muß im Ausnahmefall abgewichen werden, wenn weitere Überlegungen hierzu Anlaß geben, die sich vom Ansatz her auch auf das stützen können, was als Begründung für die weiteren Beweislastverteilungsprinzipien diskutiert wurde.

f. Die Bedeutung der Grundregel zur Verteilung der materiellen Beweislast im Verwaltungsprozeß

Die Aussage, daß die im Unklaren gebliebene Tatsache im Zweifel als nichtexistent zu behandeln ist, und daß damit die materielle Beweislast demjenigen aufzuerlegen ist, der Rechtsfolgen aus einer Norm geltend macht, deren Voraussetzung in diesen Tatsachen besteht, kann also mit dem Bundesverwaltungsgericht[153] als Grundregel, als allgemeiner Rechtsgrundsatz gesehen werden.

Als „Faustformel"[154] ist sie auch im Schrifttum weitestgehend akzepziert[155]. Jedoch auch das Bundesverwaltungsgericht sieht in der Grundregel kein abschließendes und einzig gültiges Verteilungskriterium. So finden sich zahlreiche Entscheidungen, in denen die Beweislastverteilung anhand weiterer Kriterien vorgenommen wurde[156].

---

152 Siehe oben Abschnitt A II. 2. d).
153 BVerwGE 80, S.290 (296f).
154 *W. Berg*, Die verwaltungsgerichtliche Entscheidung bei ungewissem Sachverhalt, S. 181.
155 *Redecker/v. Oertzen*, VwGO § 108 Rn. 12; *Kopp/Schenke*, VwGO § 108 Rn. 13; *Kuhla/Hüttenbrink*, Der Verwaltungsprozeß, S. 230; *Stelkens/Bonk/Sachs - Stelkens/Kallerhoff*, VwVfG, § 24 Rn. 55; *Kniesch*, MDR 1954, S. 452 (454); *Gellrich*, JR 1955, S. 175 (176); *Ule* DVBl. 1959, S. 537 (543); *Hahnenfeld*, DVBl. 1962, S. 284 (288); *Bernhardt*, JR 1966, S. 322 (325); *Baur*, Studien zum einstweiligen Rechtsschutz, S. 39ff.; *Pestalozza*, Der Untersuchungsgrundsatz, in: Festschrift zum 50jährigen Bestehen des Richard Boorberg Verlags, S. 185 (195f.).
156 z.B. der größeren Beweisnähe, siehe nur etwa BVerwG DVBl 70, 62 (64f),

Den Umstand, daß von einer Grundregel mitunter auch abgewichen werden muß, wird niemand bestreiten und dieser kann die Gültigkeit als *Grund*regel nicht in Frage stellen[157]. Die zahlreichen Gegenentwürfe und „weiteren Verteilungsprinzipien" jedoch, so sie nicht nur Modifikationen der Grundregel sind, stehen nach der hier vertretenen Auffassung nicht in Konkurrenz zu der Grundregel[158]. Selbstverständlich setzt eine umfassende Abwägung voraus, daß auch die hinter der Grundregel stehenden Überlegungen berücksichtigt werden. Die weiteren „Prinzipien" sind nichts anderes als zusätzliche Abwägungskriterien bei der richterlichen Entscheidungsfindung, die, so es der Einzelfall gebietet, zur Geltung kommen.

Nicht nachvollziehbar ist in diesem Zusammenhang der von *Börner* geäußerte Vorwurf, die Normentheorie sei deshalb unbrauchbar, weil sie das Richtige nur in den meisten Fällen und das heißt nur wahrscheinlich treffen könne[159]. Er verkennt, daß es hier um die Verteilung potentiellen Unrechts geht. Das unzweifelhaft Richtige läßt sich niemals treffen, solange Zweifel über die tatsächlichen Voraussetzungen einer Norm verbleiben, was allerdings eine Entscheidung nach der materiellen Beweislast ja gerade voraussetzt. Insoweit kann der Hinweis, die Normentheorie treffe das Richtige (nur) in den meisten Fällen, sogar als Beleg für die Brauchbarkeit auch der richterlichen Grundregel gesehen werden.

Und wie sich gezeigt hat, handelt es sich bei der beweislastrechtlichen Grundregel nicht um eine „Scheinantworten liefernde Theorie, die den Rechtsanwendern das Nachdenken erspart"[160]. Einerseits stehen sehr grundlegende, auch verfassungsrechtliche[161] Erwägungen hinter diesem Konzept, andererseits wird jedoch auch hier nicht in Abrede gestellt, daß weitere Überlegungen zur tatsächlichen Verteilung der Beweislast notwendig sind.

Auf dieser Ebene trifft auch der gegen die Existenz einer beweislasrechtlichen Grundregel vernommene Einwand nicht zu, die Verteilung der Beweislast im

---

baurechtliche Nachbarklage; BVerwG BayVBl 1978, 765 (767), Ausbildungsförderung; BVerwGE 70, 143 (148f.), Prüfungsentscheidungen.
157 Ebenso: *Dürig*, Beweismaß und Beweislast im Asylrecht, S.119
158 Insofern mißverständlich *Huster*, NJW 1995, S. 112.
159 *Börner*, Die Beweislast als Hebel der Rechtspolitik, in: Umwelt, Verfassung, Verwaltung. Veröffentlichungen des Instituts für Energierecht an der Universität zu Köln, Band 50 (1982), S. 117ff.(132f.).
160 So aber *Börner*, Die Beweislast als Hebel der Rechtspolitik, in: Umwelt, Verfassung, Verwaltung. Veröffentlichungen des Instituts für Energierecht an der Universität zu Köln, Band 50 (1982), S. 117ff.(132).
161 Dies bestreitet *Ule*, DVBl. 1959, S. 537 (543).

Verwaltungsrecht entziehe sich einer rein schematischen Betrachtung[162]. Denn dabei handelt es sich um eine Selbstverständlichkeit - schematische Lösungen verbieten sich stets. Daß letztlich unter Umständen weitere Überlegungen erforderlich sind, um zu ermitteln, wem im Einzelfall das Prozeßrisiko aufzubürden ist, wird nicht bestritten. Diese weiteren Überlegungen können vielfältig motiviert sein: anhand des konkreten Falles sind die (grund-)rechtlichen Positionen sorgfältig gegeneinander abzuwägen. Kriterien wie das Verhalten bei der Sachverhaltsaufklärung, die mögliche Verletzung von grundrechtlich geschützten Positionen bei der beweisbelasteten Partei, aber auch bei Dritten usw. müssen unter Umständen bei der Abwägung mit einbezogen werden. Jedoch: nach der hier vertretenen Auffassung handelt es sich bei einem Abweichen von der Grundregel eben nicht um irgend eine andere Theorie der Beweislastverteilung, sondern um eine Beweislastumkehr[163]. Sie ist als Abweichung vom „Normalen" rechtfertigungsbedürftig, der Maßstab für diese Rechtfertigung ergibt sich aus dem Geltungsgrund der Grundregel.

g. Abweichungen in der Beweislastverteilung

Was im einzelnen zu einer von der nach der Normentheorie abweichenden Beweislastverteilung führen kann, das soll im folgenden nochmals eingehender betrachtet werden.

Abweichungen kommen einerseits dann in Frage, wenn sie auf einer richterlichen Abwägung beruhen, die die Anwendbarkeit der Grundregel aus überwiegenden Gründen ausscheiden läßt. Andererseits kann sie sich jedoch auch aus dem Gesetz direkt ergeben, wenn die entscheidungserhebliche Norm eine abweichende Beweislastverteilung ausdrücklich anordnet. Es ist nämlich keineswegs so, daß der Gesetzgeber die Beweislast im Verwaltungsrecht bisher vollkommen außer Acht gelassen hätte. Vielmehr finden sich verschiedentlich Normen, die ausdrückliche Anweisungen zum Umgang mit einer Situation der Beweislosigkeit enthalten.

aa. Abweichung aufgrund expliziter gesetzlicher Anordnungen

Es finden sich im Verwaltungsrecht eine Reihe von Vorschriften, die als sogenannte echte Beweislastsätze eine ausdrückliche Regelung zur Verteilung des Prozeßrisikos bei ungewissem Sachverhalt treffen. Daß sie in ihrer

---

162 *Berg*, Die verwaltungsgerichtliche Entscheidung bei ungewissem Sachverhalt, S. 187f.
163 Dies gilt freilich nur, wenn sich dabei eine andere Verteilung der materiellen Beweislast ergibt. Dazu sogleich unten.

Anwendung der beweislastrechtlichen Grundregel und weiteren richterlichen Erwägungen vorzuziehen sind, ist allgemein sowohl von der Rechtsprechung[164] als auch in der rechtswissenschaftlichen Literatur[165] anerkannt.

Zumeist ist es hier so, daß in der streitentscheidenden Norm die Situation objektiver Beweislosigkeit mitgeregelt ist: Es gibt Vorschriften, in denen der Gesetzgeber explizit angeordnet hat, wie ein solches non liquet aufzulösen ist. Bei der Anwendung dieser Normen ist entweder dem Wortlaut nach der Fall eines non liquet ausgeschlossen, oder es kann dem Satzbau oder einer Formulierung unmittelbar entnommen werden, wie zu entscheiden ist, wenn über die Tatbestandsmäßigkeit Unklarheiten verbleiben[166]. Hierbei handelt es sich um sogenannte echte Beweislastsätze, die vom Gesetzgeber neben dem materiellen Hauptrechtssatz mit der Zielrichtung erlassen wurden, eine bestimmte Rechtsfolgenanweisung für den Fall einer non liquet-Situation zu statuieren[167]. Sie sind im Verwaltungsrecht eine echte Rarität[168].

aaa. Ausdrückliche Anordnungen für den Umgang mit einem prozessualen non liquet

Die naheliegendste Möglichkeit für den Gesetzgeber, eine Beweislastregel zu statuieren, ist es, im Gesetzeswortlaut ausdrücklich zu normieren, zu wessen Lasten die Unerweislichkeit von Tatsachen geht.

Auf diese Weise wirkt § 41 Abs. 2 VwVfG. Dort wird für Zweifelsfälle über den Zugang von schriftlichen Verwaltungsakten, also bei Bestreiten des Zugangs durch den Adressaten, ausdrücklich die Beweislast der Behörde aufgebürdet; läßt sich also weder der Zugang noch der Nichtzugang eines Verwaltungsaktes zur Überzeugung des Gerichtes feststellen, so wird davon ausgegangen, daß er nicht zugegangen ist[169].

Auch in § 282 BGB, der gemäß § 62 VwVfG entsprechend für den öffentlich-rechtlichen Vertrag anzuwenden ist und darüberhinaus auch allgemein

---

164 „"... es sei denn, daß der Rechtssatz eine besondere Regelung trifft." (BVerwGE 18, 168, 171).
165 *Kopp/Schenke*, VwGO § 108 Rn. 12; *Schmitt Glaeser/Horn*, Verwaltungsprozeßrecht, S. 321; *Geiger*, BayVBl. 1999, S. 321 (330)
166 *Nierhaus*, Beweismaß und Beweislast, S. 216ff. mit Nachweis einzelner Fundstellen im materiellen Recht.
167 *Nagler*, Dogmatische Strukturen der Beweislast im Öffentlichen Recht, S. 68 ff.
168 *Berg*, Die verwaltungsgerichtliche Entscheidung bei ungewissem Sachverhalt, S. 219.
169 *Kopp/Ramsauer*, VwVfG § 41 Rn. 54; *Obermaier - Liebetanz*, VwVfG § 41 Rn. 37.

Gültigkeit im Öffentlichen Recht beansprucht[170], ist eine ausdrückliche Beweislastnorm zu erblicken[171]. Danach hat im Zweifel der Schuldner zu beweisen, daß die Unmöglichkeit der Leistung nicht von ihm zu vertreten ist.

bbb. Nachweislichkeit als Tatbestandsmerkmal

Neben der Möglichkeit, eine ausdrückliche Anordnung für den Fall eines non liquet zu treffen, kann die Situation der Unaufklärbarkeit auch durch den Gesetzeswortlaut ausgeschlossen werden. Dies geschieht oftmals dadurch, daß der Nachweis oder der Beweis zum Tatbestandsmerkmal erhoben wird. Als Beispiel sei hier §§ 235, 331 LAG genannt. In § 331 LAG heißt es:

„Abs. 1: Die Ausgleichsbehörden und die Beschwerdeausschüsse entscheiden in freier Beweiswürdigung darüber, welche für die Entscheidung maßgebenden Angaben als bewiesen oder glaubhaft gemacht anzusehen sind. Als Glaubhaft gemacht gelten Angaben, deren Richtigkeit mit einer ernstliche Zweifel ausschließender Wahrscheinlichkeit dargetan ist.

Abs. 2: Angaben, die nicht *bewiesen* oder *glaubhaft gemacht* sind, werden nicht berücksichtigt."[172]

Die Vorschrift ordnet demnach an, daß die materielle Beweislast dem Antragsteller obliegt, wenn über den - im Grundsatz auch hier von Amts wegen zu ermittelnden - Sachverhalt Unklarheiten verbleiben[173].

Der Beweis wird auch in § 45 LuftVG zum Tatbestandsmerkmal gemacht. Nach dieser Vorschrift tritt die Ersatzpflicht des Luftfrachtführers nach § 44 LuftVG nicht ein, wenn er *beweist*, daß er und seine Leute alle zur Schadensverhütung erforderlichen Maßnahmen getroffen haben. Tatbestandsvoraussetzung für die Entlastung des Luftfrachtführers ist also der Beweis, daß das Erforderliche getan wurde[174]. Hierüber sind Unklarheiten schon denklogisch nicht möglich: Entweder der Beweis ist erbracht, so daß Zweifel beim Gericht nicht mehr bestehen, oder es verbleiben möglicherweise nur geringe Zweifel. Dann kann von einem Beweis eben nicht gesprochen werden und auf die Rechtsfolge des § 45 LuftVG nicht erkannt werden.

---

170 BVerwGE 37, S.192 (200); BVerwGE 52, S.255 (261f.); *Redecker/v. Oertzen*, VwGO § 108, Rn. 13; *Nierhaus*, Beweismaß und Beweislast, S.112f.
171 *Palandt - Heinrichs*, BGB § 282 Rn. 1.
172 Hervorhebungen vom Verfasser
173 Vgl. *Hesse*, in: Deutsches Bundesrecht, Erläuterungen zum Lastenausgleichsgesetz, Nr. VII C 10, Anmerkung 2 zu § 331.
174 *Giemulla/Schmidt*, LuftVG, § 45 Rn. 1.

ccc. Gesetzliche Vermutungen

Von auch zahlenmäßig höherer Bedeutung sind jedoch gesetzliche Vermutungen. Dabei kann die Gruppe der sogenannten unwiderleglichen gesetzlichen Vermutungen unter dem Gesichtspunkt der Beweislast sogleich ausgeklammert werden. Sie sind wegen ihrer Unwiderlegbarkeit lediglich rein materielle Tatbestände, die einen formellen Umweg nehmen, und stellen keine Regelung der Beweislast dar[175].

Beachtung hingegen verdienen die widerleglichen gesetzlichen Vermutungen in beweisrechtlicher Hinsicht. Bei ihnen handelt es sich nach heute überwiegender Ansicht[176] um Regelungen der Beweislast. Im Falle eines non liquet wird durch derartige Vermutungen vorgegeben, daß die unerweisliche Tatsache als gegeben zu behandeln ist, wenn das Vorliegen eines zweiten Sachverhalts, der sogenannten Vermutungsbasis, erwiesen ist.

Dabei wirken gesetzliche Vermutungen nicht als Beweisregeln, weil durch sie keine Feststellung von Tatsachen erreicht wird[177]. Da sie ein non liquet gerade voraussetzen, helfen sie allein bei der Beantwortung der Frage, wie diese Situation der Beweislosigkeit zu überwinden ist, zu wessen Lasten die Beweislosigkeit geht; sie sind also Beweislastregeln[178].

Als Beispiel aus dem Bereich der Eingriffsverwaltung sei hier § 22 GWB genannt. Dort heißt es:

Abs. 3 S. 1: „Es wird vermutet, daß
Nr. 1: ein Unternehmen marktbeherrschend (...) ist, wenn es für eine bestimmte Art von Waren oder gewerblichen Leistungen einen Marktanteil von mindestens einem Drittel hat; (...)"

Abs. 5 Satz 1: „Die Kartellbehörde kann (...) marktbeherrschenden Unternehmen ein mißbräuchliches Verhalten untersagen und Verträge für unwirksam erklären; (...)"

Die gesetzliche Vermutung dieser Vorschrift bezieht sich auf das Vorliegen eines sogenannten „marktbeherrschenden Unternehmens", liegt der entsprechen-

---

175 *Prütting*, Gegenwartsprobleme, S.48f.;*Leipold*, Beweislastregeln S.102.
176 *Prütting*, Gegenwartsprobleme, S.48 mit Nachweisen.
177 *Prütting*, Gegenwartsprobleme der Beweislast, S.49f.
178 *W. Berg*, Die verwaltungsgerichtliche Entscheidung bei ungewissem Sachverhalt, S. 80ff, der auch Beispiele gesetzlicher Tatsachenvermutungen aus dem Öffentlichen recht nennt; *Leipold*, Beweislastregeln und gesetzliche Vermutungen, S. 89; *Prütting*, Gegenwartsprobleme der Beweislast, S.49.

de Marktanteil vor, so wird die Marktbeherrschung angenommen[179]. Dies gilt auch für das Mißbrauchsverfahren nach § 22 Abs. 5 GWB[180], allerdings ist die Verhängung eines Bußgeldes auf Verdachtsbasis wegen des auch im Ordnungswidrigkeitsverfahren geltenden Grundsatzes „in dubio pro reo" nicht zulässig[181].

Der Gruppe der gesetzlichen Vermutungen sind wegen der Vergleichbarkeit in beweislastrechtlicher Hinsicht auch solche Normen zuzuordnen, die in ihrem Tatbestand Regelbeispiele verwenden[182].

ddd. Zusammenfassung

Der Überblick hat gezeigt, daß das Öffentliche Recht keineswegs frei ist von Vorschriften, in denen der Gesetzgeber sich einer Regelung der Beweislast angenommen hat. Diese Vorschriften wirken zwar auf unterschiedliche Weise, ihnen ist jedoch gemeinsam, daß sie das materielle Recht dergestalt beeinflussen, daß sie für den Bereich, in dem Unklarheiten über die tatsächliche Anwendbarkeit einer Norm verbleiben, eine Festlegung über den Ausgang der gerichtlichen Entscheidung in der einen oder anderen Richtung treffen. Wenn also richterliche Überzeugung erlangt werden kann über das Vorliegen oder Nichtvorliegen der Tatbestandsmerkmale, so ist die in der Norm enthaltene Aussage über die materielle Beweislast unbeachtlich.

bb. Abweichung aufgrund richterlicher Abwägungen

Nach der gerichtlichen Grundregel soll die Beweislast nur dann derjenigen Partei auferlegt werden, die sich auf die Folgen der zugrundeliegenden Norm beruft, wenn keine ausdrückliche Anordnung im Gesetz etwas anderes vorsieht und wenn auch weitere Erwägungen nicht zu einem Abweichen von der Grundregel führen[183]. Ansätze für solche Erwägungen finden sich vielerorts in der Rechtsprechung, ohne daß sie in jedem oder auch nur in der Mehrzahl der Fälle tatsächlich zu einem Abgehen von der Grundregel geführt hätten. Umstände, die in der Rechtsprechung als Ansatzpunkt für eine

---

179 Frankfurter Kommentar - *Paschke/Kersten*, GWB § 22 Tz. 339.
180 Frankfurter Kommentar - *Paschke/Kersten*, GWB § 22 Tz. 347.
181 *Heinrich*, Die verfassungswidrige Beweislastnorm, S. 312ff.; Frankfurter Kommentar - *Paschke/Kersten*, GWB § 22 Tz. 349.
182 Hierzu siehe *Peschau*, Die Beweislast im Verwaltungsrecht, S. 124ff. mit Beispielen aus dem Öffentlichen Recht.
183 BVerwG NJW 94, S. 468.

Beweislastumkehr zumindest diskutiert wurden, sind etwa die Verantwortlichkeit für die eigene Sphäre und „innere Tatsachen"[184], eine schuldhafte Beweisvereitelung durch den eigentlich nicht Beweisbelasteten[185] oder schlicht ein „Beweisnotstand"[186]. Eine solche Abweichung kann also bei der Anwendung eines Rechtssatzes erfolgen, wenn der Richter im Rahmen seiner Abwägung aus überwiegenden Gründen zu der Ansicht kommt, in diesem speziellen Fall könne nicht die von der Grundregel vorgesehene, sondern nur eine umgekehrte Beweislastverteilung sachgerecht sein.

cc. Beweislastumkehr?

Liegt in den oben untersuchten ausdrücklichen Anordnungen des Gesetzes zum richterlichen Umgang mit einer Situation der Beweislosigkeit oder in den Abweichungen, die sich aufgrund einer richterlichen Abwägung ergeben nun eine Umkehr der Beweislast vor? Freilich kann dies ohnehin nur in den Fällen gelten, in denen durch die ausdrückliche Anordnung oder richterliche Abwägung eine Beweislastverteilung erreicht wird, die in ihrem Ergebnis von derjenigen abweicht, welche sich aufgrund der allgemeinen Grundregel ergeben würde, wenn die Norm keine derartige Aussage enthalten würde. Denn in den übrigen Fällen stellt der Beweislastsatz nur eine Bestätigung der ohnehin bestehenden Regelung dar.

aaa. Keine Beweislastumkehr im Verwaltungsrecht:
Die Ansichten *Prüttings*, *Bergs* und *Grunskys*

Mit dieser Frage der Existenz einer Beweislastumkehr im Öffentlichen Recht haben sich *Prütting*[187] und *Berg*[188] beschäftigt, von denen letzterer die Existenz der Figur der Beweislastumkehr für das Verwaltungsrecht insgesamt bestreitet[189]. *Prüttings* Abhandlung betrifft in erster Linie die Probleme des Zivilrechts, namentlich die des Arbeitsrechts. Gleichwohl lassen sich seine Aussagen - bei Berücksichtigung der zivilprozessualen Besonderheiten - auch auf das Öffentliche Recht übertragen. Er hält die Auffassung, es gebe eine Beweislastumkehr, für eine der eigenartigsten Erscheinungen im Bereich der

---

184 OVG Mecklenburg-Vorpommern NordÖR 1998, S. 159f.
185 BVerwG Buchholz 427.2 § 35 FeststG Nr. 9; Hess. VGH, AgrarR 1989, S. 200.
186 LSozG BW, Entscheidung v. 25. August 1994 - L 7 U 255/92 - zitiert nach JURIS.
187 *Prütting*, Gegenwartsprobleme der Beweislast, S. 20ff.
188 *W. Berg*, Die verwaltungsgerichtliche Entscheidung, S. 220ff.
189 *W. Berg*, Die verwaltungsgerichtliche Entscheidung, S. 221.

Beweislast[190]. Dies ist bei ihm insbesondere durch die Feststellung begründet, daß die Verwendung dieses Begriffes häufig lediglich auf sprachlichen Ungenauigkeiten basiere und gar keine wirkliche „Umkehr" bezeichne. Für ihn erscheint es allenfalls dann sinnvoll, überhaupt von einer Beweislastumkehr zu sprechen, wenn damit eine Abweichung der Beweislastverteilung von ihrer normativen Grundlage beschrieben wird[191], die also auf einer richterlichen Abwägung beruht, welche ein Abgehen von der im Bürgerlichen Recht anerkannten Grundregel erforderlich erscheinen läßt. Dort, wo die Verteilung der Beweislast nicht nach dieser Grundregel erfolgt, weil es im Gesetz eine abweichende Regelung hierzu gibt, will er jedoch nicht von einer Beweislastumkehr, sondern nur von „schlichter Rechtsanwendung" sprechen[192].

Für gänzlich verfehlt hält *Berg* den Begriff der Beweislastumkehr für den Bereich des Verwaltungsprozesses. Das resultiert daraus, daß es nach seiner Auffassung kein übergreifendes Prinzip oder auch nur eine „Faustregel" gibt[193]. Maßgeblich sei die Auslegung der jeweiligen Norm, die je nach Beweislastsituation zu unterschiedlichen Ergebnissen, etwa bei Erlaß und Rücknahme von Verwaltungsakten, führen könne. Da also ausschließlich von der - ausdrücklichen oder durch Auslegung zu ermittelnden - Aussage einer Norm abhänge, zu wessen Lasten sich die Ungewißheit im Verwaltungsprozeß auswirke, kann *Bergs* Auffassung ebenso wie diejenige *Prüttings* auf den Punkt gebracht werden, daß es sich hierbei nur um schlichte Rechtsanwendung handele.

Ähnlich äußert sich *Grunsky*, der die Frage aufwirft, ob nicht vielmehr angesichts der zahlreichen Ausnahmen von dem Grundprinzip, daß jede Partei die Voraussetzungen der ihr günstigen Rechtsnorm zu beweisen habe, die Beweislast bisher nur unrichtig bestimmt worden sei und man daher eigentlich nicht mehr von einer Umkehr der Beweislast sprechen könne[194].

bbb. Stimmen für die Existenz einer Beweislastumkehr auch im Verwaltungsrecht

Gegen die Auffassung, die die Existenz einer Beweislastumkehr im Verwaltungrecht in Abrede stellt, scheinen zunächst die vielen Stimmen in der

---

190 *Prütting*, Gegenwartsprobleme der Beweislast, S. 20.
191 *Prütting*, Gegenwartsprobleme der Beweislast, S. 22.
192 *Prütting*, Gegenwartsprobleme der Beweislast, S. 22.
193 *W. Berg*, Die verwaltungsgerichtliche Entscheidung, S. 221.
194 *Grunsky*, Grundlagen des Verfahrensrechts, S. 431f.

verwaltungsrechtlichen Rechtsprechung[195] und Literatur[196] zu sprechen, die offenbar ganz unbefangen mit diesem Begriff umgehen.

In der Rechtsprechung wird besonders häufig von einer Beweislastumkehr gesprochen, die von *Prütting, Berg* und *Grunsky* wahrgenommenen Probleme mit dieser Begrifflichkeit wurden dort bisher nicht aufgegriffen. Für das Bundesverwaltungsgericht hat der *3. Senat* seinen Begriff von einer gesetzlichen Beweislastumkehr in einer Entscheidung zur Restitution von Bodenreform-Grundstücken folgendermaßen zusammengefaßt:

„„...Dieses Prinzip beherrscht regelmäßig auch die gesetzlich geregelten Fälle einer Beweislastumkehr. Dort wird meist ein Grundtatbestand zu einem - häufig durch die Worte „*...es sei denn, daß...*" gekennzeichneten Sondertatbestand dergestalt in Beziehung gesetzt, daß derjenige, der sich auf die Besonderheit beruft, die Beweislast trägt für deren tatsächliche Voraussetzungen."[197]

In der zitierten Entscheidung stellt der *Senat* klar, daß eine Beweislastumkehr dann vorliege, wenn mit der Verteilung von derjenigen abgewichen werde, die nach der in ständiger Rechtsprechung angewendeten Grundregel vorzunehmen wäre[198]. Deutlich wird zudem, daß dem Wortlaut einer Norm hier erhebliche Bedeutung beigemessen wird.

Der *7. Senat* hat in einer Entscheidung zur Beweislastverteilung im Rahmen des § 1 VermG grundsätzlich anerkannt, daß es außerhalb der gesetzlich vorgesehenen Fälle mit Rücksicht auf einzelne Schädigungstatbestände des § 1 VermG unter Berücksichtigung der konkreten Umstände des Einzelfalls auch ohne besondere gesetzliche Anordnung zu einer Beweislastumkehr kommen könne[199]. Auch hier wird klar, daß unter einer Umkehr der Beweislast inhaltlich ein Abgehen von der Verteilung nach der Grundregel verstanden wird.

Ein solcher Einzelfall, der eine Beweislastumkehr rechtfertigen kann, wird von der Rechtsprechung z.B. regelmäßig dann angenommen, wenn der nach der herkömmlichen Verteilung nicht Beweisbelastete in schuldhafter Weise den

---

195 z.B BVerwG VIZ 98, S. 84 (86); BVerwG NJW 94, S. 468; Hessischer VGH, AgrarR 1989, S. 200; BVerwGE 78, S. 367 (370).
196 z.B. *Kopp/Schenke*, VwGO § 108 Rn. 12; *Kuhla/Hüttenbrink*, Der Verwaltungsprozeß, S. 231; *Kokott*, Beweislastverteilung und Prognoseentscheidungen bei der Inanspruchnahme von Grund- und Menschenrechten, S. 362f.; *Lüke*, JZ 1966, S. 587 (592); *Reinhardt*, NJW 1994, S. 93ff; *Huster*, NJW 1995, S. 112f.
197 BVerwG VIZ 1998, S. 84 (86).
198 BVerwG VIZ 1998, S. 84 (86).
199 BVerwG NJW 1994, S. 468.

Beweis vereitelt hat[200]. Auch in Fällen, wo etwa bei der Rücknahme eines begünstigenden Verwaltungsaktes die Buchführung des Adressaten irreführend und verschleiernd angelegt ist, soll nach der Rechtsprechung eine Beweislastumkehr dergestalt erfolgen, daß nicht die Behörde, sondern der durch den Verwaltungsakt Begünstigte die materielle Beweislast trage[201].

Auch in der verwaltungsrechtlichen Literatur scheint man die Bedenken *Prüttings*, *Bergs* und *Grunskys* nicht zu teilen. In verschiedenen Zusammenhängen werden eine Beweislastumkehr und deren Voraussetzungen diskutiert. *Determann* hat die Frage nach einer Beweislastumkehr hinsichtlich der Gefährlichkeit neuer Technologien aufgegriffen[202]. Dabei hatte er in erster Linie die Fälle einer richterlichen Beweislastumkehr ohne ausdrückliche gesetzliche Anordnung hierzu im Blick. Deutlich wird jedoch, daß er der beweislastrechtlichen Grundregel eine hohe Bedeutung beimißt. Ein Abgehen von der nach ihr vorzunehmenden Risikoverteilung - etwa im Falle von Versäumnissen bei der Erforschung neuer Technologien - bezeichnet er als eine Beweislastumkehr.

Auch *Ramsauer* versteht unter einer Beweislastumkehr eine solche Verteilung der materiellen Beweislast, die von der im Verwaltungsrecht geltenden Grundregel abweicht[203]. Die Grundregel steht nach seiner Ansicht „außer Zweifel", eine Abweichung soll sich aus dem Gesetz selbst, aus dessen Interpretation im Lichte der Verfassung und allgemeiner Prinzipien wie Sachnähe oder Zumutbarkeit, also aus grundlegenden Rechtsgedanken und Gerechtigkeitserwägungen ergeben können"[204].

Di Fabio geht offenbar ebenfalls von der Existenz einer Beweislastumkehr, auch im Verwaltungsrecht, aus. Von ihm werden, ohne näheres Eingehen auf diesen Begriff, in einer Stellungnahme zum von der Bundesregierung eingeschlagenen Weg des Atomausstiegs die geplanten Änderungen der §§ 17 und 19 AtG als Beweislastumkehr bezeichnet[205].

An anderer Stelle wird der Begriff der Beweislastumkehr mit deutlich größerer Vorsicht gehandhabt. *Nierhaus* setzt ihn fast durchgehend in Anführungs-

---

200 BVerwGE 78, S. 367 (370).
201 Hessischer VGH, AgrarR 1989, S. 200.
202 *Determann*, Beweislastumkehr hinsichtlich der Gefährlichkeit neuer Technologien?, in UTR-Jahrbuch 1997, S. 165ff.
203 *Ramsauer*, Aktuelle Rechtsentwicklungen zu Risiken elektromagnetischer Strahlungen, in: UTR Band 42, S. 71 (S. 89).
204 *Ramsauer*, Aktuelle Rechtsentwicklungen zu Risiken elektromagnetischer Strahlungen, in: UTR Band 42, S. 71 (S. 89).
205 *Di Fabio*, Der Ausstieg aus der wirtschaftlichen Nutzung der Atomenergie, S. 27.

striche[206], was auf ein gewisses Unbehagen schließen läßt. Jedoch sagt auch er zum Verhältnis zwischen Beweislastgrundnorm und Ausnahmen von ihr, daß „als gängigste Form einer Beweislastsonderregel (...) die Umkehrung der Beweislast" gelte[207].

ccc. Stellungnahme

Der Überblick hat es gezeigt: eine Beweislastumkehr können nur diejenigen als Rechtsfigur für das Verwaltungsrecht annehmen, die von der Existenz eines allgemeingültigen Prinzips zur Verteilung der Beweislast ausgehen. Denn wenn ein solches nicht vorausgesetzt wird, gibt es auch kein Abweichen davon, was die „Umkehr" erfordert: Zur Beweislastumkehr benötigt man eine „Standard"-Beweislastverteilung, von der dann im Wege der Umkehr abgewichen wird. Insofern sind die einzelnen Äußerungen konsequent, die Grenze verläuft genau dort, wo sich auch die Vertreter eines einheitlichen, übergreifenden Prinzips von denjenigen trennen, die allein anhand des Einzelfalls und einer Auslegung der betroffenen materiell-rechtlichen Norm entschieden wissen wollen, wer die objektive Beweislast trägt. Unter den Stimmen gegen die Existenz einer Beweislastumkehr sind daher auch keine zusätzlichen Argumente für diese Ablehnung zu entnehmen, und diejenigen, die von einer solchen sprechen, halten zumeist ein näheres Eingehen darauf für überflüssig. Die Frage, ob es eine Beweislastumkehr gibt oder nicht, entscheidet sich dort, wo die Frage nach einem übergreifenden, grundsätzlichen Prinzip der Beweislastverteilung beantwortet wird.

Nach der hier vertretenen Auffassung kommt der Grundregel, wie sie in ständiger Rechtsprechung angewendet und auch von weiten Teilen der Literatur als solche nicht in Frage gestellt wird, eine allen anderen Erwägungen gegenüber vorrangige Bedeutung zu. Es hat sich gezeigt, daß diese Grundregel nicht nur in nahezu jeder denkbaren Konstellation angewendet werden kann, insbesondere dann, wenn es um die Entscheidung über Eingriffsbefugnisse des Staates geht. Hinter ihr stehen auch sehr grundlegende rechtspolitische und verfassungsrechtliche Erwägungen[208]. Das macht sie nicht zu einem Prinzip mit Absolutheitsanspruch. Ihre Existenz schließt weitere Überlegungen nicht aus, und am Ende kann tatsächlich eine hiervon abweichende Beweislastverteilung stehen. Als Ausgangspunkt ist es jedoch unerläßlich, die Grundregel im Bewußtsein zu haben. Wenn dies geschieht, wird man damit jedes Abgehen von der Grundregel rechtfertigungsbedürftig insoweit halten, als daß die die

---

206 *Nierhaus*, Beweismaß und Beweislast, S. 151; 366; 372; 394; 409.
207 *Nierhaus*, Beweismaß und Beweislast, S. 219.
208 Siehe oben Abschnitt A II. 2. d).

Abweichung rechtfertigenden Gründe dem Geltungsgrund der Grundregel gegenüber vorzugswürdig sein müssen.

Selbst dann jedoch, wenn man das Reden von einer Beweislastumkehr deswegen ablehnt, weil man die Verteilung der Beweislast allein einer Auslegung der jeweiligen Norm und den in ihr hierzu enthaltenen Aussagen entnehmen will, kann man sich der grundlegenden Fragestellung dieser Arbeit nähern: Darf der Gesetzgeber nach freiem Belieben in die Beweislastverteilung eingreifen oder sind ihm hier Schranken gesetzt, die er beachten muß? Der terminus technicus „Beweislastumkehr" sollte dann lediglich als eine pointierte Zusammenfassung dessen verstanden werden, was dabei geschieht: Die gegenwärtige Beweislastverteilung wird zugunsten einer anderen mittels eines Eingriffs des Gesetzgebers verändert, also inhaltlich neu gefaßt. Sobald ein entsprechendes Gesetz Geltung erlangt hat, wird in seiner Anwendung tatsächlich nichts weiter als schlichte Rechtsanwendung mehr zu sehen sein. Im Ergebnis ist aber das, was der Gesetzgeber mit der Einführung einer solchen Norm oder Gesetzesänderung bewirkt, nichts weiter als eine Umkehrung der Beweislast.

B. Konkretisierung der Fragestellung: Beweisprobleme bei staatlichen Eingriffen im technischen Sicherheitsrecht

Wurde bisher der gegenwärtige Stand der Diskussion zur Verteilung der Beweislast nur allgemein für das Verwaltungsrecht untersucht, so stellt sich nun die Frage, inwieweit sich für staatliche Eingriffe im technischen Sicherheitsrecht Besonderheiten ergeben.

I. Technik, Technikrecht, technisches Sicherheitsrecht

Das Wort Technik entstammt dem griechischen τεχνη, was soviel wie Kunst, Geschicklichkeit, Gewandtheit bedeutet. Es wird heute, wie auch in dieser Arbeit, zumeist synonym mit dem Wort Technologie verwendet[209] und bezeichnet „das konstruktive menschliche Schaffen von Erzeugnissen, Vorrichtungen und Verfahren unter Benutzung der Stoffe und Kräfte der Natur und unter Berücksichtigung der Naturgesetze"[210].

Das technische Sicherheitsrecht dient dem Schutz der Rechtsgüter Leben,

---

209 Vgl. zu den Unterschieden der Begriffe Technik und Technologie *Schieb*, Artikel „Technik" im Staatslexikon der Görres-Gesellschaft, Bd. 5, Sp. 428.
210 *Kloepfer*, Artikel „Technik" in Evangelisches Staatslexikon, Bd. 2, Sp. 3587.

Gesundheit, Umwelt und Sacheigentum vor den Gefahren der Technik[211]. Umfaßt werden alle Rechtsnormen, die mit dieser Zielrichtung erlassen wurden[212]. Dieses Rechtsgebiet überschneidet sich weitgehend mit dem Umweltrecht, im „Bereich technisch bedingter Umweltbelastungen sind Umweltschutz und (umweltbezogene) Technikkontrolle zwei Seiten derselben Medaille"[213]. In dieser Arbeit werden ausschließlich umweltrechtliche Beweislastregeln des technischen Sicherheitsrechts untersucht, so daß das ebenfalls dieser Rechtsmaterie zuzuordnende Gerätesicherheitsrecht außerhalb der Betrachtungen bleibt.

Den Schutz der erwähnten Rechtsgüter gewährt der Staat, indem er Genehmigungsvorbehalte aufstellt, Richtlinien einführt, Verbote konstituiert usw.[214]. Zielrichtung ist dabei stets der Schutz vor Gefahren. Als Teil des spezifischen Gefahrenabwehrrechts gehört das technische Sicherheitsrecht, soweit es im Rahmen dieser Arbeit untersucht wird, dem besonderen Verwaltungsrecht an.

Demnach lassen sich die in der vorliegenden Arbeit zu untersuchenden Rechtsgebiete bereits eingrenzen: Von Interesse ist die Schnittmenge aus technischem Sicherheitsrecht und Umweltrecht. Dazu lassen sich die einschlägigen Bestimmungen des Atom- und Strahlenschutzrechts, des Immissionsschutzrechts, Gentechnikrechts, des Planfeststellungsrechts und des Gefahrstoffrechts zählen.

Der historische Ursprung führt beim technischen Sicherheitsrecht zurück in die Zeit, in der erstmals die Gefahren der Technik spürbar wurden, als in der ersten Hälfte des 19. Jahrhunderts das Zeitalter der Industrialisierung begann und Dampfkraft flächendeckend genutzt wurde[215]. Die damals in Preußen eingeführte Dampfkesselgesetzgebung bildet dementsprechend zusammen mit dem Bau- und Gewerberecht die Wurzel der heutigen gesetzlichen Regelungen zur Technik. Die Sichtweise und die gesellschaftliche Einstellung zur Technik war seit dieser Zeit einem steten Wandel unterworfen, Chancen und Risiken der Technik wurden im Laufe der immer neuen Entdeckungen auf diesem Gebiet immer wieder neu bewertet. Entsprechend unterlag und unterliegt das Technikrecht wie kaum ein anderes Rechtsgebiet einem Wandel, der immer

---

211 *Vieweg*, JuS 1993, S. 894 (896).
212 *Kloepfer*, Artikel „Technik" in Evangelisches Staatslexikon, Bd. 2, Sp. 3593.
213 *Kloepfer*, Umweltrecht, § 1 Rn. 71.
214 *Ipsen*, Die Bewältigung der wissenschaftlichen und technischen Entwicklungen durch das Verwaltungsrecht, in: VVDStRL 48, S. 177 (180ff.); *Stötzel*, Kerntechnische Schutzkonzepte und atomrechtliche Anlagengenehmigung, S. 21.
215 *Berg*, JZ 1985, S. 401 (403).

neuen Entwicklungen Rechnung tragen muß[216]. Und nicht zuletzt angesichts immer neuer Technologien bestand und besteht ein Anpassungsdruck auf das materielle Technikrecht[217]. So ist etwa ein spezielles Gesetz zur rechtlichen Beurteilung der Gentechnologie erst in jüngerer Zeit kodifiziert worden[218].

Die tatsächlichen Verhältnisse fordern es, daß der Staat sich der Technik nicht nur im Sinne eines möglichst großen Schutzes der eingangs erwähnten Rechtsgüter *vor* ihr annehmen kann. Das Technikrecht i.w.S. umfaßt ebenso den Schutz *von* Technik[219]. Damit trägt das Recht dem Umstand Rechnung, daß Technik zwar vielfach Umweltbedrohungen mit sich bringt, daß zugleich in der heutigen hochtechnisierten Welt ohne gezielten Technikeinsatz ein effektiver Schutz bzw. die Rückgängigmachung von bereits bestehenden Schäden nicht mehr denkbar ist[220], ganz abgesehen von dem wohl jedem einleuchtenden Umstand, daß ohnehin ein völliger Verzicht auf Technik weder möglich ist noch ernstlich gewollt wird. Die Einstellung „des Rechts" zur Technik ist ambivalent[221].

Dieser Umstand kann als Ergebnis der bereits erwähnten gesellschaftlichen Entwicklung gesehen werden, die auch auf der Fortentwicklung der Technik selbst beruht. Denn mehr als jedes andere Rechtsgebiet ist das Technikrecht Schwankungen in der öffentlichen Meinung ausgesetzt[222]. Während der gesellschaftliche Konsens darüber, daß etwa Diebstahl grundsätzlich schlecht, ein geschlossener Vertrag grundsätzlich bindend ist, in kaum einer Phase der jüngsten Zivilisationsgeschichte ernsthaft in Gefahr war, liegen die Zeiten, in denen weite Teile der Gesellschaft Technik bzw. die technische Fortentwicklung zunächst nur als „gut" und dann nur als „böse" betrachteten, noch nicht sehr lange zurück[223]. So haben etwa auch die neuesten, von der Bundesregierung beabsichtigten Veränderungen im Atomrecht, durch die der unumkehrbare Ausstieg aus der friedlichen Nutzung der Kernenergie flankiert wird, deshalb erstmals Chancen auf eine Durchsetzung, weil sich die politischen Mehrheiten in Deutschland mit der letzten Bundestagswahl geändert haben: Die öffentliche Meinung zum Thema „Atomkraft" hat sich offenbar gewandelt und dazu

---

216 *Schieb*, Artikel „Technik" im Staatslexikon der Görres-Gesellschaft, Bd. 5, Sp. 435f.; Grundlegend zu den Auswirkungen des Umweltbewußtseins auf das Umweltrecht *Spiegler*, Umweltbewußtsein und Umweltrecht, S. 25ff.
217 *Grimm*, NJW 1989, S. 1305 (1310); *Nicklisch*, NJW 1986, S. 2287 (2288f.);
218 Vgl. hierzu *Kloepfer*, Umweltrecht, § 16 Rn. 6ff.; *Pitschas*, DÖV 1989, S. 785 (786f.).
219 *Kloepfer*, Artikel „Technik" in Evangelisches Staatslexikon, Bd. 2, Sp. 3593.
220 *Degenhart*, NJW 1989, S. 2435;
221 *Streinz*, BayVBl. 1989, S. 550 (554); *Kloepfer*, Umweltrecht § 1 Rn.29, 71.
222 *Kloepfer*, Recht als Technikkontrolle und Technikermöglichung, in: *ders.*, Umweltschutz und Recht, S. 109ff.
223 Siehe hierzu *Th. Berg*, Beweismaß und Beweislast im öffentlichen Umweltrecht, S. 38f.

geführt, daß der Souverän sich mehrheitlich Parteien zugewendet hat, die mit entsprechenden Programmen in die Wahl gezogen sind.

Die sich stetig verändernde öffentliche Meinung in Teilen der Gesellschaft zu einer Technologie und den mit ihr verbundenen Risiken beruht ihrerseits auf dem unterschiedlichen Wissensstand um sie. Solange Gefahren nicht bekannt sind, wird niemand etwas gegen die Nutzung der Technik einzuwenden haben. Erst die Wahrnehmung eines Risikos, zumeist dann, wenn es sich in einem Schaden konkret niederschlägt, führt zu einer solchen Veränderung der Einstellung[224]. So hat nach der verheerenden Katastrophe von Tschernobyl ein bis heute spürbarer Bewußtseinswandel hinsichtlich der friedlichen Nutzung der Kernenergie stattgefunden[225]. Gerade angesichts der Tatsache, daß das Lernen über die Risiken von Technikanwendung ein oftmals schmerzlicher und mit großen Verlusten an Menschenleben, Sachwerten und nachhaltiger Beschädigung der natürlichen Lebensgrundlagen verbundener Prozeß ist, hat dazu geführt, daß neue Technologien es heutzutage sicherlich schwerer haben, als noch vor Jahrzehnten[226]. Man begegnet technischen „Errungenschaften" mit deutlich skeptischerer Haltung, die Begeisterung wird durch ein ungutes Gefühl hinsichtlich der Risiken überlagert.

Diese Faktoren sind von hoher Bedeutung bei der rechtlichen Beurteilung technischer Sachverhalte. Denn dann, wenn der Staat unter Ungewißheitsbedingungen in Rechte Einzelner eingreifen will, stellt sich die Frage, inwieweit die Gemeinschaft bereit ist, die Risiken der Technik zu tragen und inwieweit, wo sie dazu nicht bereit ist, es dem Einzelnen abverlangt werden darf, auf eine bestimmte Betätigung zu verzichten bzw. den staatlichen Eingriff zu erdulden. Insgesamt dürfte die Behauptung, daß Risikoakzeptanz und Risikobewußtsein das wesentliche prägende Moment für die Ausgestaltung des technischen Sicherheitsrechts sind, keinen durchgreifenden Bedenken gegenübergestellt sein[227].

II. Sonderprobleme der Beweislastverteilung im technischen Sicherheitsrecht

Im Prinzip gilt das zuvor Gesagte über die Verteilung der Beweislast im

---

224 *Kloepfer*, Handeln unter Unsicherheit im Umweltstaat, in: *Gethmann/Kloepfer*, Handeln unter Risiko im Umweltstaat, S. 56f.
225 *Spiegler*, Umweltbewußtsein und Umweltrecht, S. 9.
226 *Steinberg*, Der ökologische Verfassungsstaat, S. 40.
227 Vgl. insgesamt hierzu auch *Th. Berg*, Beweismaß und Beweislast im öffentlichen Umweltrecht, S.30ff.

Verwaltungsprozeß im gleichen Maße auch für das technische Sicherheitsrecht. Es gibt hier weder mehr noch weniger *dogmatische* Unklarheiten als anderswo. Und auch die Grundregel sowie die weiteren Abwägungs- und Verteilungsprinzipien lassen sich allesamt ohne weiteres auf Beweisprobleme in diesem Rechtsgebiet anwenden. Welche Rechtsgüter in einer Abwägung mit welchen Erwägungen zu berücksichtigen sind und wie eine solche Abwägung im Einzelfall ausgehen wird, hängt von der zu behandelnden Sachmaterie und den konkreten Umständen ab. Wenn es hier Besonderheiten zu beachten gilt, dann liegen diese weniger in der Struktur des technischen Sicherheitsrechts, als vielmehr in den typischen Schwierigkeiten, die das Recht im Umgang mit Technik hat. Diese Schwierigkeiten zeigen ihre Auswirkungen auch und gerade bei der Frage nach der materiellen Beweislast und dem zu fordernden Beweismaß.

1. Fehlende Erkenntnisse

Technik wird laufend weiter und tiefergehend erforscht, es wird immer neues Wissen über deren Chancen und Risiken erschlossen. Deswegen ist es nicht auszuschließen, daß jahrelang als sicher beherrschbar eingeschätzte Technologien sich im Laufe neuer Untersuchungen als unsicher und in unerwarteter Hinsicht riskant erweisen und umgekehrt, daß sich Befürchtungen über Gefahren als unbegründet herausstellen[228]. Auch die Erforschung der Auswirkungen menschlicher Technikanwendung auf die Umwelt fördert immer wieder neue Erkenntnisse zutage, man denke nur etwa an den vor wenigen Jahrzehnten noch gänzlich unbekannten Treibhauseffekt[229].

Wenn im Zusammenhang mit dem Beweismaß von dem „Bewußtsein menschlicher Fehlsamkeit im Zusammenhang mit den Begriffen Wahrheit und Überzeugung"[230] gesprochen wurde, so gewinnt diese Fehlsamkeit hier noch erheblich an Bedeutung. Denn wer bereits Grenzen des menschlichen Erkennens solcher ganz banaler Dinge des Alltags anerkennt, die einer Wahrnehmung für gewöhnlich leicht zugänglich sind, dem müssen die Schwierigkeiten geradezu ins Auge springen, die sich im Zusammenhang mit nicht bzw. nicht abschließend erforschten Technologien ergeben. Die Gefahr eines Baumes zum Beispiel, der auf ein benachbartes Haus zu stürzen droht, ist in jeder Hinsicht weitaus leichter zu begreifen, als etwa die Gefahren, die neuen Technologien innewohnen, wie etwa der Gentechnologie oder der Nutzung von Mobilfunk-

---

228 *Nicklisch*, NJW 1986, S. 2287 (2288f.);
229 Hierzu vgl. *Bender/Sparwasser/Engel*, Umweltrecht, § 6 Rn. 10f.
230 Vgl. oben Abschnitt A I.

Sendeanlagen, insbesondere auf lange Sicht[231]. Die Aufgabe des Gerichts, mit seinem Urteil den Rechtsfrieden wiederherzustellen, ist bei einer derartigen Konstellation zusätzlich erschwert und läßt sich wohl nicht endgültig lösen.

2. Unbestimmte Rechtsbegriffe

Die Einsicht, daß sich Technik und die menschlichen Erkenntnisse darüber verändern, ist nicht neu. Der Gesetzgeber trägt diesem Umstand unter anderem dadurch Rechnung, daß er gerade im technischen Sicherheitsrecht eine große Anzahl von unbestimmten Rechtsbegriffen verwendet, die eine flexible Handhabung durch Behörden und Rechtsprechung unter Berücksichtigung neuer wissenschaftlicher Erkenntnisse ermöglichen sollen[232]. Dieser Verzicht des Gesetzgebers auf eine abschließende und vollständige Programmierung des Umwelt- und namentlich des technischen Sicherheitsrechts kann angesichts der oben beschriebenen besonderen Probleme dieses Rechtsgebiets als sachgeboten bezeichnet werden[233].

Der Stand von Wissenschaft (und Technik) wird etwa in § 7 Abs 1 Nr. 1 bis 4 GenTG; § 7 Abs. 2 Nr. 3 AtG; und § 17 Abs. 4 ChemG ausdrücklich in bezug genommen. In § 3 Abs. 6 BImSchG findet sich eine Legaldefinition des „Standes der Technik" für dieses Gesetz[234]. Weitere auch im technischen Sicherheitsrecht häufig verwendete unbestimmte Rechtsbegriffe sind etwa „erheblich" (z.B. in § 17 Abs. 1 Satz 2 BImSchG; § 17 Abs. 5 AtG) oder „erforderlich" (z.B. In § 7 Abs. 2 Nr. 3 AtG).

Nach Ansicht des Bundesverfassungsgerichtes ist die Verwendung derartiger Begriffe nicht nur im Hinblick auf das Bestimmtheitsgebot verfassungsrechtlich unbedenklich, sondern mitunter sogar geboten. In seiner Kalkar-Entscheidung hat der *Senat* für den Bereich des Atomrechts festgestellt, daß die mit der Verweisung auf den Stand von Wissenschaft und Technik zu erreichende Offenheit einer Norm eine bestmögliche Verwirklichung des Schutzzwecks des Atomgesetzes und damit einen dynamischen Grundrechtsschutz ermögliche[235]. Unbestimmte Rechtsbegriffe werden durch die Rechtsprechung konkretisiert,

---

231 Zu den besonderen Problemen unerforschter Technologien eingehend *Determann*, Neue gefahrverdächtige Technologien als Rechtsproblem, Beispiel: Mobilfunk-Sendeanlagen.
232 *Scholz*, Technik und Recht, in: Festschrift zum 125jährigen Bestehen der Juristischen Gesellschaft zu Berlin, S. 691ff. (710).
233 *Kloepfer*, Umweltrecht, § 8 Rn. 1.
234 Ausführlich zum Begriff „Stand von Wissenschaft und Technik" *Obenhaus/Kuckuck*, DVBl. 1980, S. 154ff.
235 BVerfGE 48, S. 89 (133f., 137).

ihre Bedeutung kann dabei im Laufe der Zeit Veränderungen erfahren, genauso wie die Einschätzung der durch die gesetzliche Regelung betroffenen Tatbestände sich ändern kann. Darin, daß unbestimmte Rechtsbegriffe existieren und, trotz aller im Zusammenhang mit ihrer Verwendung gelegentlich geäußerten Bedenken[236], grundsätzlich zulässig und notwendig sind, kann mit dem Bundesverfassungsgericht[237] übereingestimmt werden. Jedoch sind leicht besondere Schwierigkeiten denkbar, wenn sich die Überzeugung des Gerichts auf ein Tatbestandsmerkmal beziehen soll, welches sich nur mit einem unbestimmten Rechtsbegriff umschreiben läßt. Diese Schwierigkeiten werden noch deutlicher, wenn zusätzlich die Erstellung einer Prognose über künftige Entwicklungen erforderlich ist.

3. Die Notwendigkeit von Prognosen

Ein besonderes Problem auch hinsichtlich der Beweislast und des Beweismaßes, das allerdings nicht nur im technischen Sicherheitsrecht anzutreffen ist, bringt die Gruppe von Eingriffsnormen mit sich, deren Tatbestand durch einen Bezug auf zukünftig zu erwartende Entwicklungen geprägt ist. Ihr sind auch solche Vorschriften zuzuordnen, die Begriffe wie „Gefahr" oder „Zuverlässigkeit" verwenden[238]. Denn es kann damit nicht gemeint sein, daß sich eine Gefahr oder eine Unzuverlässigkeit erst in einem konkreten Schaden niedergeschlagen haben muß, damit der Beweis des Vorliegens dieses Tatbestandsmerkmals geführt werden kann. Vielmehr muß schon im Vorfeld des behördlichen Einschreitens abgeschätzt werden, wie sich die Situation bei ungehindertem Geschehensablauf entwickeln würde. Damit werden Umstände zum Gegenstand des Prozesses, die sich der gegenwärtigen Wahrnehmung entziehen[239].

Diesem Problem wird dadurch Rechnung getragen, daß sich die Überzeugung des Richters in diesen Fällen nicht auf das Eintreten des prognostizierten Ereignisses, sondern auf das Vorliegen der der Prognose zugrunde liegenden Basistatsachen sowie über die Wahrscheinlichkeit des Eintritts der zukünftigen Tatsachen beziehen muß[240]. Grundsätzlich ist also eine Überzeugungsbildung

---

236 Siehe hierzu für den Bereich des Atomrechts nur etwa: Sechstes Deutsches Atomrechts-Symposium zum Thema: Die nach dem Stand von Wissenschaft und Technik erforderliche Vorsorge gegen Schäden - Die Problematik des unbestimmten Rechtsbegriffs und seiner Konkretisierung, 1980, mit Referaten von *Smid*, *Lukes* und *Kutscheid* und einem Diskussionsbericht von *Sendler*.
237 BVerfGE 48, S. 89 (133f., 137).
238 *Kokott*, Beweislastverteilung und Prognoseentscheidungen bei der Inanspruchnahme von Grund- und Menschenrechten, S. 31.
239 *Reich*, Gefahr - Risiko - Restrisiko, S. 75.
240 *Kokott*, Beweislastverteilung und Prognoseentscheidungen bei der Inanspruchnahme

auch dort möglich, wo die Ermächtigung zum Eingriff an eine Prognose über zukünftige Entwicklungen gebunden ist[241]. Die Definition des Gefahrbegriffs ist auch im technischen Sicherheitsrecht im wesentlichen mit derjenigen für das Polizei- und Ordnungsrecht identisch[242]. Dort hat sich eine fein nuancierte Abstufung unter den einzelnen Arten einer Gefahr und hinsichtlich dessen, wozu sie im einzelnen als Ermächtigungsgrundlage ausreichen können, herausgebildet[243]. Es wird zu prüfen sein, inwieweit die für das Polizei- und Ordnungsrecht aufgestellten Grundsätze sich auf die Beweislastverteilung im technischen Sicherheitsrecht und auf die Möglichkeiten und Grenzen einer Beweislastumkehr auswirken können.

An dieser Stelle soll das Problem des behördlichen Einschreitens auf Prognosebasis noch nicht umfassend erörtert, sondern vielmehr nur kurz angesprochen werden. Erst bei den Einzeluntersuchungen zu Beweislastumkehrungen in Vorschriften des technischen Sicherheitsrecht im dritten Teil dieser Arbeit wird umfassend darauf zurückzukommen sein.

Allerdings läßt sich schon hier folgendes vermuten: Wenn etwa eine Prognose erforderlich ist und zusätzlich die zu beurteilende Technik nicht abschließend erforscht ist, so potenziert sich die Unsicherheit im Prozeß. Ein Beispiel: es mag dem Richter nach dem soeben Gesagten noch gelingen, auf einer gesicherten Tatsachenbasis zu einer Überzeugung darüber zu gelangen, ob ein geplantes Vorhaben eine „Gefahr" im Sinne einer Vorschrift des technischen Sicherheitsrechts darstellt. Zur Annahme einer Gefahr ist es notwendig, daß die Sachlage bei einem ungehinderten, objektiv zu erwartenden Geschehensablauf mit einiger Wahrscheinlichkeit zu einem Schaden führt[244]. Wenn jedoch schon die Sachlage nicht vollständig aufklärbar ist, wie soll dann ein Geschehensablauf objektiv zu erwarten sein und eine Wahrscheinlichkeitsprognose über dessen Ausgang abgegeben werden? Dies gilt insbesondere dann, wenn die zu beurteilende Technologie (noch) nicht abschließend erforscht wurde, z.B. also erst neu eingeführt wird[245]. Jedoch auch bei bereits erprobten Technologien können neue Erkenntnisse zu Unsicherheiten führen, wie die Erfahrung gezeigt hat. Nicht nur neue Technologien, sondern auch bereits bekannte, über die erst im Laufe der Zeit neue Erkenntnisse gewonnen werden, bringen damit Unsicherheiten in den Verwaltungsprozeß, die sich von herkömmlichen

---

    von Grund- und Menschenrechten, S. 30ff.
241 *W. Berg*, Die verwaltungsgerichtliche Entscheidung bei ungewissem Sachverhalt, S. 73.
242 *Marburger*, Atomrechtliche Schadensvorsorge, S. 9.
243 Vgl. dazu nur etwa *Drews/Wacke/Vogel/Martens*, Gefahrenabwehr, S. 220ff.
244 Dies ist der polizeirechtliche Gefahrenbegriff nach BVerwGE 45, S. 51 (57).
245 *Determann*, Beweislastumkehr hinsichtlich der Gefährlichkeit neuer Technologien?, in: UTR-Jahrbuch 1997, S. 165ff.

Beweislastproblemen unterscheiden²⁴⁶. Denn die Überzeugung des Richters muß sich auch hier auf Sachverhalte beziehen, die oftmals überhaupt nicht beweisbar sind.

4. Technisch-wissenschaftliche Regelwerke

Ein weiterer Faktor, der im technischen Sicherheitsrecht zu Besonderheiten bei der Bestimmung und Verteilung der Beweislast führt, sind technisch-wissenschaftliche Regelwerke, mit Hilfe derer etwa im Atomrecht oder im Immissionsschutzrecht Grenz- und Höchstwerte festgelegt werden²⁴⁷. Mit ihnen wird bei der Normierung auf den Sachverstand von Fachleuten direkt zurückgegriffen²⁴⁸. Wie sie allerdings in beweisrechtlicher Hinsicht zu beurteilen sind, ist noch unklar. Sie wurden unter verschiedenen Gesichtspunkten betrachtet und als Grundlage für einen prima facie-Beweis, für widerlegliche Vermutungen, antizipierte Sachverständigengutachten, für Erfahrungssätze sui generis sowie für „qualifizierte Erfahrungssätze für ihre Übereinstimmung mit den unbestimmten Gesetzesbegriffen" gehalten²⁴⁹.

Je nach der Bedeutung, der man technisch-wissenschaftlichen Regelwerken zukommen lassen will, entfalten sie auch in beweisrechtlicher Hinsicht unterschiedliche Wirkung: In der Rechtsprechung wurden diese Verwaltungsanweisungen früher als „antizipierte Sachverständigengutachten" bezeichnet, die auf den „Erkenntnissen und Erfahrungen von Fachleuten verschiedener Fachgebiete beruhen und (...) auch für das kontrollierende Gericht bedeutsam sind."²⁵⁰ Diese Bedeutung sah das Gericht darin, daß so lange von der Richtigkeit der diesen Anweisungen zugrunde liegenden Annahmen ausgegangen werden kann, wie nicht auf Grund neuer gesicherter Erkenntnisse etwas anderes ergibt²⁵¹. Eine solche Sichtweise könnte unter Umständen praktisch zu einer Umkehr der Beweislast führen²⁵², denn wenn das Gericht aufgrund einer Verwaltungsvorschrift die Voraussetzungen einer Norm als gegeben ansehen würde, müßte die andere Partei diese gerichtliche Überzeugung erschüttern, indem es die Richtigkeit des antizipierten Sachver-

---

246 Insofern kann die Aussage von *Determann*, Beweislastumkehr hinsichtlich der Gefährlichkeit neuer Technologien?, in: UTR-Jahrbuch 1997, S. 165, als zu eng gefaßt angesehen werden.
247 Vgl. insgesamt zu den Verwaltungsvorschriften im Umweltrecht *Hoppe/Beckmann/Kauch*, Umweltrecht, § 5 Rn. 14ff.
248 *Kloepfer*, Umweltrecht, § 3 Rn. 74.
249 Vgl. hierzu *Nierhaus*, Beweismaß und Beweislast, S. 388ff. m.w.N.
250 BVerwGE 55, S. 250 (256).
251 BVerwGE 55, S. 250 (260).
252 Vgl. auch *Bachof* VVDStRL Heft 38 (1980), S. 335.

ständigengutachtens angreift. Wenn die Figur des „antizipierten Sachverständigengutachtens" vom Bundesverwaltungsgericht in der sog. Wyhl-Entscheidung[253] auch ausdrücklich wieder aufgegeben wurde[254], zeigt das Beispiel doch, wie heikel norminterpretierende Verwaltungsvorschriften hinsichtlich der Verteilung der materiellen Beweislast sein können.

Dies gilt insbesondere auch deshalb, weil derartige technische Regelwerke zumeist auf Ergebnissen der Arbeit privatrechtlicher Organisationen[255] beruhen, woraus sich teilweise Bedenken gegen ihre Neutralität, Objektivität und Aktualität ergeben[256]. Insgesamt kann für derartige Regelwerke wegen ihrer mitunter erheblichen Grundrechtsrelevanz u.a. für Leben und Gesundheit und Eigentum und mit Blick auf das Rechtsstaatsprinzip nur gelten, daß sie einer vollen inhaltlichen Überprüfung auch der Gerichte standhalten müssen[257], was sie hinsichtlich ihrer oben erwähnten Bedeutung für Beweismaß und Beweislast weiter in Frage stellt.

5. Zusammenfassung

Das technische Sicherheitsrecht enthält also Besonderheiten, die bei der Beweislastverteilung und auch bei der Suche nach Möglichkeiten des Gesetzgebers, die Beweislast zu verändern, zu berücksichtigen sind. Einerseits handelt es sich dabei um die Besonderheit, daß die zu regelnden Sachverhalte sich ohnehin mehr als bei den meisten anderen Rechtsgebieten durch weitere Forschung und immer neue Erkenntnisse in verändertem Licht erscheinen können. Dies gilt um so mehr, wenn Technologien zu beurteilen sind, die neu sind und bei denen es daher noch evidente Forschungsdefizite gibt. Andererseits muß auch bei der Veränderung der Beweislast durch den Gesetzgeber die Rolle der technisch-wissenschaftlichen Regelwerke und deren Möglichkeiten und Grenzen in angemessener Weise Berücksichtigung finden.

---

253 BVerwG NVwZ 1986, S. 208ff.
254 BVerwG NVwZ 1986, S. 208 (213).
255 *Kloepfer*, Umweltrecht, § 3 Rn. 78, der allerdings in Rn. 77 darauf hinweist, daß es sich bei der Inbezugnahme dieser von überwiegend privatrechtlich organisierten Verbänden erstellten Normen um eine staatliche Rezeptionsentscheidung der demokratisch legitimierten und kontrollierten Exekutive handelt.
256 *Nierhaus*, Beweismaß und Beweislast, S. 391.
257 *Breuer*, AöR 101, S. 46 (85); a.A. *Salzwedel*, NVwZ 1987, S. 276 (277f).

C. Ergebnisse der ersten Teils

Unter einer Beweislastumkehr ist eine Beweislastverteilung zu verstehen, die inhaltlich von derjenigen abweicht, die sich nach einer Anwendung der Grundregel ergeben würde, wonach jede Partei die Tatsachen zu beweisen hat, die Voraussetzung für die für sie günstige Rechtsfolge sind. Eine solche Umkehr kann sich einerseits auf einer Anordnung im Gesetz beruhen, wobei sich die expliziten Beweislastsätze, die Normen mit Nachweislichkeit als Tatbestandsmerkmal und die gesetzlichen Vermutungen unterscheiden lassen. Oder die Beweislastumkehr beruht ohne ausdrückliche Anordnung im Gesetz auf einer richterlichen Abwägung, weil das erkennende Gericht aus überwiegenden Gründen ein Abgehen von der Grundregel für erforderlich hält. Ansatzpunkte für eine richterliche Beweislastumkehr finden sich in den zahlreichen in der Literatur und - teilweise auch - in der Rechtsprechung neben der Grundregel diskutierten „sonstigen" Kriterien der Beweislastverteilung.

Das technische Sicherheitsrecht weist zunächst keinerlei so grundlegende Unterschiede zum sonstigen Verwaltungsrecht auf, als daß etwa die Vorstehenden Erkenntnisse nicht darauf anwendbar wären. Jedoch liegen in der Natur der Sache sowie in den gesetzlichen Regelungstechniken einige Besonderheiten, die es zu berücksichtigen gilt. Dies sind zum einen die grundsätzlich immer wieder festzustellenden Erkenntnisdefizite beim Umgang mit Technik sowie die ambivalente Einstellung der Bevölkerung zur Technik und die Veränderungen unterworfene Risikoakzeptanz. Zum anderen bringen unbestimmte Rechtsbegriffe, die Notwendigkeit von Prognosen sowie die Bedeutung von technisch-wissenschaftlichen Regelwerken Besonderheiten mit sich, die auch bei einer Umkehr der Beweislast zu berücksichtigen sind.

Zweiter Teil:

Beweislast und Gesetzgebung

Existenz und Wirkungsweise der materiellen Beweislast im Verwaltungsprozeß, insbesondere für solche Streitigkeiten, die sich auf Sachverhalte aus dem technischen Sicherheitsrecht beziehen, dürften nunmehr geklärt sein. Das führt zu der Frage, ob und wie der Gesetzgeber die Beweislastverteilung für seine Zwecke mobilisieren, sprich durch Eingriffe in diesem Bereich nach seinen Vorstellungen auf den Umgang mit Ungewißheiten im Prozeß Einfluß nehmen kann. Die bereits bestehenden und im ersten Teil untersuchten Normen mit expliziter Aussage zur Beweislast scheinen hier einen Weg zu weisen. Insgesamt lassen sich aus den wenigen Beispielen jedoch nur unscharfe Konturen der Möglichkeiten und Grenzen erkennen, die dem Gesetzgeber bei der Normierung der Beweislast in formeller wie auch materieller Hinsicht gesetzt sind. Zielsetzung dieses zweiten Teils ist es daher, Tragweite und Bedeutung einer Beweislastumkehr durch den Gesetzgeber zu klären und die grundlegenden Anforderungen darzustellen, denen der Gesetzgeber bei einem solchen Vorhaben genügen muß.

Diese Anforderungen ergeben sich gemäß Art. 1 Abs. 3, 20 Abs. 3 GG aus der Verfassung. Dabei lassen sich Anforderungen an das Gesetzgebungsverfahren und materielle Anforderungen unterscheiden. Von den ersteren ist insbesondere die Gesetzgebungskompetenz, Art 70 ff. GG, zu beachten. Die materiellen Anforderungen an eine Beweislastumkehr lassen sich ihrerseits in zwei Hauptgruppen unterteilen. Hier ist zunächst der verfahrensmäßige Rahmen zu nennen, auf den durch eine Regelung der Beweislast durch ein Gesetz Einfluß genommen wird. Wie sich zeigen wird, sind dem in der Verfassung verankerten Rechtsstaatsprinzip einige ganz grundsätzliche Anforderungen zu entnehmen, die der Gesetzgeber bei einer Normierung der Beweislast beachten muß[258]. Aussagen über diese Anforderungen lassen sich unabhängig vom Einzelfall treffen, so daß dieser Problembereich in diesem zweiten Teil der Arbeit erschöpfend behandelt werden kann.

Die Grundrechte des Einzelnen bedeuten jedoch in erster Linie ein Abwehrrecht gegen staatliche Eingriffe. Je nach Tragweite und Wirkungsweise einer durch den Gesetzgeber eingeführten Beweislastumkehr müßte sich die konkrete gesetzliche Regelung angesichts der durch sie betroffenen Grundrechte und auch des mit ihr angestrebten Zweckes als mit dem Grundsatz der Verhältnismäßigkeit vereinbar erweisen. Wegen der Unterschiedlichkeit der

---

258 Zum Rechtsstaatsprinzip allgemein siehe *Badura*, Staatsrecht, S. 265ff.

einzelnen hier zu untersuchenden Maßnahmen und der mit ihnen im Zusammenhang stehenden Rechtspositionen und Interessen kann dazu über einige allgemeine Aussagen hinaus nichts Verbindliches gesagt werden, solange die konkret vorgesehene gesetzgeberische Maßnahme nicht feststeht und absehbar ist. Bis auf diesen Teil lassen sich die Untersuchungen zur verfassungsrechtlichen Zulässigkeit einer Beweislastumkehr also „vor die Klammer ziehen", für die im dritten Teil der Arbeit vorgesehenen Einzeluntersuchungen einiger exemplarischer Normen des technischen Sicherheitsrechts, in denen die materielle Beweislast umgekehrt wird, bleibt also die umfassende Verhältnismäßigkeitskontrolle der jeweiligen Gesetze.

A. Tragweite einer gesetzlichen Regelung zur materiellen Beweislast

Vorab erscheint es notwendig, die Frage nach der rechtlichen und tatsächlichen Tragweite einer Regelung der Beweislast durch den Gesetzgeber zu beantworten. Dabei ist zunächst danach zu fragen, was ganz grundsätzlich, unabhängig von der Regelungsmaterie und der gesetzgeberischen Zielrichtung, mit einer gesetzlichen Regelung der Beweislast bewirkt wird, andererseits stellt sich die Frage, was Zielrichtung und Wirkungsweise solch einer Maßnahme gerade im Bereich staatlicher Eingriffe im technischen Sicherheitsrecht sind.

I. Rechtliche Tragweite und tatsächliche Relevanz im Grundsatz

Was der Gesetzgeber tatsächlich und rechtlich bewirkt, wenn er sich einer Regelung der Beweislast annimmt, läßt sich am besten anhand einer Tabelle verdeutlichen *(siehe Abb. Seite 63)*. Die Tabelle zeigt: Der Einfluß des Gesetzgebers bei einer Regelung der materiellen Beweislast ist auf den Bereich verbleibender Unklarheiten im Tatsächlichen beschränkt. Eine explizite Beweislastnorm entfaltet dort jedoch folgende Wirkung: Die Wertungen, die hinter einer Beweislastentscheidung nach der Grundregel bzw. nach gegebenenfalls im Einzelfall notwendigen weiteren materiellen Erwägungen stehen, werden ersetzt durch die Wertungen und Vorstellungen des Gesetzgebers. Für diesen grundsätzlich bei jeder Vorschrift denkbaren Bereich wird so jedoch unmittelbar auf die Entscheidung des Gerichts und damit auf das materielle Recht Einfluß genommen[259]. Dabei kann der Gesetzgeber ebensowenig frei sein in seinen Entscheidungen, wie er es sonst bei der Gestaltung des materiellen Rechts ist. Die Anforderungen der Verfassung müssen ihn auch hier binden.

---

259 Vgl. *Leipold*, Beweislastregeln und gesetzliche Vermutungen, S. 65.

	Tatbestand sicher nicht verwirklicht	Tatbestand vielleicht verwirklicht, non liquet	Tatbestand sicher verwirklicht
Ohne explizite Beweislastnorm	(-) Keine Anwendung der Norm	(+/-) Entscheidung nach der Grund-regel bzw. weite-ren Erwägungen	(+) Anwendung der Norm
Beweislastnorm: zweifelhafte Tatsache als nichtexistent behandeln	(-) Keine Anwendung der Norm	(-) Keine Anwendung der Norm	(+) Anwendung der Norm
Beweislastnorm: zweifelhafte Tatsache als existent behandeln	(-) Keine Anwendung der Norm	(+) Anwendung der Norm	(+) Anwendung der Norm

Wie relevant können derartige Eingriffe durch die Legislative tatsächlich werden? Die bereits zitierten Entscheidungen, in denen der Ausgang des Verfahrens von den Regeln der materiellen Beweislast bestimmt war, zeigen, daß es sich hier keineswegs um eine rein wissenschaftliche Frage handelt. Vielmehr ist sie im Gegenteil mitunter von hoher praktischer Bedeutung[260]. Dies gilt um so mehr für den hier zu untersuchenden Bereich des technischen Sicherheitsrechts. Dort ist es angesichts der rasanten Entwicklung immer komplizierterer Technologien, deren Wirkungsweise und Gefahrenpotentiale selbst für den Experten oftmals nicht mehr zu durchschauen sind, dem nicht naturwissenschaftlich geschulten Richter schwer möglich, zu einer Überzeugung von den relevanten Tatsachen zu kommen, die etwa für den Betrieb von Anlagen vorausgesetzt werden oder ihn nach dem Gesetz ausschließen sollen[261]. Unsicherheiten und Erkenntnisdefizite sind gerade hier vorprogrammiert und wurden auch in der Vergangenheit mehrfach bemängelt. Entsprechend waren Veränderungen der Beweislastverteilung auf diesem Gebiet bereits Gegenstand der rechtswissenschaftlichen Diskussion[262]. Und schließlich zeigt das eingangs

---

260 Zahlreiche weitere Fundstellen für Urteile, bei denen die Rechtsprechung nach den Regeln der Beweislast zu entscheiden hatte, finden sich bei *Nagler*, Dogmatische Strukturen der Beweislast im Öffentlichen Recht, S. 409ff.
261 *Nierhaus*, Beweismaß und Beweislast, S. 19.
262 Zuletzt im Bereich der möglichen Gesundheitsrisiken elektromagnetischer Strahlungen, vgl. hierzu den Tagungsbericht des Instituts für Umwelt- und Technikrecht, UTR Band

erwähnte, dem Koalitionsvertrag zu entnehmende Vorhaben der Bundesregierung, die Beweislast im Atomrecht „klarzustellen", daß auch der Gesetzgeber die Möglichkeit und Notwendigkeit erkannt hat, Regelungen der materiellen Beweislast bei der Schaffung von Normen zu berücksichtigen. Diese Erwägungen lassen es vertretbar erscheinen, die praktische Relevanz gesetzlicher Beweislastregelung vorauszusetzen und an dieser Stelle auf genauere Untersuchungen zu verzichten.

II. Bedeutung im technischen Sicherheitsrecht

Es geht in dieser Untersuchung um die Möglichkeiten einer Beweislastumkehr bei staatlichen Eingriffen in die Anwendung gefahrverdächtiger Technologien. Maßnahmen im Bereich des technischen Sicherheitsrechts dienen dem Schutz der Rechtsgüter Leben, Gesundheit, Umwelt und Sacheigentum vor den Gefahren der Technik.

Nach der für das Umwelt- und technische Sicherheitsrecht gängigen[263], dem Polizeirecht entstammenden Definition ist eine Gefahr eine Situation, die bei ungehindertem Geschehensablauf mit hinreichender Wahrscheinlichkeit zu einer Schädigung rechtlich geschützter Güter führen würde[264]. Ob die Eintrittsmöglichkeit hinreichend wahrscheinlich ist, bestimmt sich auch nach den drohenden Schäden: Je bedeutender das Schutzgut und je höher der zu erwartende Schadensausmaß ist, desto geringer werden die an die Wahrscheinlichkeit zu stellenden Anforderungen sein[265]. Doch nicht erst dann, wenn eine Gefahr besteht, sondern schon davor beginnt der Schutz: Neben dem Gefahrenabwehrprinzip ist für das Umweltrecht und damit für die untersuchten Bereiche des technischen Sicherheitsrechts auch das Prinzip der Vorsorge systemtragend[266]. Das Vorsorgeprinzip umfaßt auch den Schutz vor Risiken, die unterhalb der Gefahrenschwelle liegen, die also letztlich durch eine geringere Eintrittswahrscheinlichkeit gekennzeichnet sind[267]. Weiter wird seit der Kalkar-Entscheidung des Bundesverfassungsgerichts[268] von der Gefahrenabwehr und der Risikovorsorge das sogenannte Restrisiko unterschieden, welches sich

---

42, insbesondere des Beitrag von *Ramsauer*, S. 71ff.
263 *Marburger*, Atomrechtliche Schadensvorsorge, S. 9.
264 *Drews/Wacke/Vogel/Martens*, Gefahrenabwehr, S. 220ff.
265 Sogenannte „je-desto-Formel", vgl. BVerfGE 49, S. 89 (138); Breuer NVwZ 1990, S. 211 (213); *Hansen-Dix*, Die Gefahr im Polizeirecht, im Ordnungsrecht und im Technischen Sicherheitsrecht, S. 39ff.
266 *Köck*, Grundzüge des Risikomanagements im Umweltrecht, S. 144; *Bender/Sparwasser/ Engel*, Umweltrecht, S. 25f.
267 *Kloepfer*, Umweltrecht, § 4 Rn. 12 ff., der jedoch noch weiter differenziert.
268 BVerfGE 49, S. 89ff.

gegenüber den Erstgenannten durch eine nochmals geringere Eintrittswahrscheinlichkeit unterscheidet[269].

Der Faktor der Eintrittswahrscheinlichkeit weist die Parallele zum Beweisrecht und damit auch zur materiellen Beweislast: Verlangt man mit dem Regelbeweismaß[270] richterliche Überzeugung von dem Vorliegen einer Gefahr, so muß es dem Richter gelingen, eine stringente Prognose darüber abzugeben, daß die hinreichende Wahrscheinlichkeit eines Schadenseintritts besteht. Senkt man das erforderliche Beweismaß herab, so dürfen Zweifel an der Stringenz der Prognose verbleiben. Es genügt eine geringere Wahrscheinlichkeit des Schadenseintritts, neben der Gefahr werden also unter Umständen Bereiche der Risikovorsorge mit erfaßt. Kehrt man schließlich die Beweislast um und verlangt richterliche Überzeugung vom Nichtvorliegen der Gefahr, dann erlangen sämtliche, auch noch so fernliegende Risiken und geringe Wahrscheinlichkeiten eines Schadenseintritts Bedeutung, solange die Gefahr nicht zur richterlichen Überzeugung als ausgeschlossen feststeht.

Also: verlangt das Gesetz die Überzeugung des Gerichts von einer Gefahr, dann ist dessen Anwendung nur zulässig, wenn die Gefahr im polizeirechtlichen Sinne (*hinreichende* Wahrscheinlichkeit) vorliegt. Damit ist die Norm dem Bereich der Gefahrenabwehr zuzuordnen. Ist die Beweislast umgekehrt, wird also Überzeugung vom Nichtvorliegen der Gefahr verlangt, ist die Anwendung auch bei noch so geringer Wahrscheinlichkeit des Schadenseintritts gegeben, solange die Gefahr sich nicht ausschließen läßt (*geringste* Wahrscheinlichkeit).

Berg kann deshalb nicht zugestimmt werden, wenn er die Unterschiedlichkeit von Beweislastfrage und Restrisikobewertung so ausdrücklich hervorhebt[271]. Seiner Ansicht nach

„...geht es beim Restrisiko um ein bestimmtes Risikopotential, z.B. die Schadenseintrittsfälle jenseits der praktischen Vernunft, das in Kauf genommen wird. Demgegenüber aber betrifft die Beweislastfrage diejenigen Fälle, in denen Unklarheit darüber besteht, ob ein nicht mehr hinzunehmendes Risikopotential tatsächlich gegeben ist oder nicht."[272]

---

269 BVerfGE 49, S. 89 (137f.). Die Einzelheiten und die exakte Trennung von Gefahrenabwehr, Risikovorsorge und Restrisiko können zunächst außen vor bleiben. An dieser Stelle reicht die - soweit ersichtlich - unbestrittene Feststellung, daß die Anforderungen an die Eintrittswahrscheinlichkeit jeweils geringer werden. Zum Ganzen auch *Di Fabio*, Risikoentscheidungen im Rechtsstaat, S. 104ff.
270 Dazu oben im ersten Teil Abschnitt A I.
271 *Th. Berg*, Beweismaß und Beweislast im öffentlichen Umweltrecht, S. 77.
272 *Th. Berg*, Beweismaß und Beweislast im öffentlichen Umweltrecht, S. 77.

In beiden Fällen kommt der Wahrscheinlichkeit entscheidende Bedeutung zu. Das Vorliegen eines Restrisikos setzt voraus, daß ein Schaden nicht auszuschließen ist[273], es also keine Gewißheit hinsichtlich des *Nicht*vorliegens einer Gefahr bzw. eines Risikos geben kann. Die Wahrscheinlichkeit für einen Schadenseintritt ist nicht gleich Null. Im Falle einer Beweislastumkehr hinsichtlich des Vorliegens eines Risikos wird die Anwendung der Norm nur dann ausgeschlossen werden können, wenn Überzeugung vom Nichtvorliegen einer Gefahr bzw. eines Risikos besteht, die Wahrscheinlichkeit des Schadenseintritts also ebenfalls Null ist. Das Ergebnis ist für beide Fälle gleich, *Berg* übersieht die sehr wohl vergleichbare Wirkungsweise von Ausdehnung auf das Restrisiko und Umkehr der Beweislast hinsichtlich des Vorliegens eines Risikos.

Daraus ergibt sich für eine gesetzliche Umkehr der Beweislast hinsichtlich des Tatbestandsmerkmals Gefahr oder Schaden, daß die Anforderungen an die Eintrittswahrscheinlichkeit, welche zur Anwendung der Norm führen können, deutlich herabgesenkt werden. Soweit über Gefahrenabwehr und Risikovorsorge hinaus staatliche Eingriffe ermöglicht werden, ist dies bei der Prüfung der verfassungsrechtlichen Zulässigkeit zu beachten.

B. Anforderungen an den Gesetzgeber

Um ein Gesetz zu ändern, ist zunächst einmal eine parlamentarische Mehrheit erforderlich[274]. Diese banale Einsicht bezieht sich auf einen Umstand, der in der politischen Diskussion stets das größte Interesse auf sich zieht, jedoch in rechtlicher Hinsicht von untergeordneter Bedeutung ist. Auch die Frage nach dem formell korrekten Weg der Gesetzgebung, in der Öffentlichkeit meist schon mit weniger Aufmerksamkeit verfolgt, kann in diesem Zusammenhang nur am Rande interessieren, wenngleich hiermit bereits zwei Hürden genannt sind, die dem Gesetzgeber oft genug zu hoch sind.

Gegenstand dieser Arbeit sind in erster Linie die materiellen Vorgaben, die die Verfassung dem Gesetzgeber macht. Denn gemäß Art. 1 Abs. 3 GG binden die Grundrechte den Gesetzgeber, zudem ist die Gesetzgebung gemäß Art. 20 Abs. 3 GG an die verfassungsmäßige Ordnung gebunden. Welche allgemeinen

---

273 Und zwar, nach *Di Fabio*, Risikoentscheidungen im Rechtsstaat, S. 105, „...nur deshalb nicht, weil trotz risikominimierender Maßnahmen letzte Gewißheit über den Ausschluß von Schadensmöglichkeiten bei komplexen technischen Systemen aus prinzipiellen Gründen nicht möglich ist."
274 Dies ergibt sich für Abstimmungen im Bundestag grundsätzlich aus Art. 42 Abs. 2 Satz 1 GG, der Begriff der Mehrheit ist in Art. 121 GG definiert.

Anforderungen an Eingriffe und an eine Veränderung der Beweislast der dargestellten Art an den Gesetzgeber für den Bereich des technischen Sicherheitsrechts lassen sich diesen rechtsstaatlichen Grundaussagen entnehmen?

I. Gesetzgebungskompetenz

Mit der Bindung des Gesetzgebers an die verfassungsmäßige Ordnung ist zunächst festgelegt, daß das jeweils handelnde Gesetzgebungsorgan des Bundes oder der Länder überhaupt nach den grundgesetzlichen Bestimmungen zur Regelung dieser Materie ermächtigt sein muß, sprich, daß sie seiner Gesetzgebungszuständigkeit unterfällt[275]. Die hierfür maßgeblichen Vorschriften des Grundgesetzes finden sich in Art. 70 bis 75. Nach dem darin aufgestellten System liegt die Gesetzgebungszuständigkeit grundsätzlich bei den Ländern, es sei denn, das Grundgesetz weist dem Bund ausdrücklich Gesetzgebungsbefugnisse zu, Art. 70 Abs. 1 GG[276]. Von einer grundsätzlichen Gesetzgebungszuständigkeit des Bundes könnte also dann ausgegangen werden, wenn mit der Regelung der Beweislast stets eine Materie betroffen wäre, für die nach einem der Kompetenztitel des Grundgesetzes der Bund zuständig wäre. Dies hängt von der rechtssystematischen Einordnung der gesetzlichen Regelungen zur Beweislast ab.

1. Rechtssystematische Einordnung der Beweislastnormen – Prozeßrecht oder materielles Recht?

Es wäre für den Bundesgesetzgeber nämlich ohne weiteres möglich, sich einer gesetzlichen Regelung der Beweislast für die verschiedensten Rechtsgebiete anzunehmen, wenn die die Beweislast bestimmenden Normen dem Prozeßrecht zugehörig wären. Denn gemäß Art. 74 Abs. 1 Nr. 1 GG ist das Prozeßrecht Gegenstand der konkurrierenden Gesetzgebung[277]. Anders verhielte es sich, wenn die Beweislastnormen - auch nur teilweise - dem materiellen Recht zuzuordnen wären, da dann möglicherweise, je nach betroffener Sachmaterie, Gesetzgebungszuständigkeiten der Länder berührt wären.

Die Zuordnung dieser Normen zum Verfahrensrecht oder zum materiellen Recht ist im Schrifttum seit langer Zeit umstritten, dieser Streit ist in der

---

275 Hierzu grundlegend *Stern*, Staatsrecht Band I, S. 677ff.
276 *Maurer*, Staatsrecht S.545.
277 Den in Art. 74 Abs. 1 Nr. 1 GG aufgeführten gerichtlichen Verfahren sind insbesondere die Prozeßordnungen zuzuordnen, *Alternativkommentar - Bothe*, GG Art. 74 Rn. 6.

Vergangenheit bereits an anderer Stelle ausführlich dargestellt worden[278]. Eine kurze Darstellung der hierzu vertretenen Auffassungen kann daher an dieser Stelle also genügen.

a. Beweislastnormen als solche des Prozeßrechtes

Mit der Begründung, die Normen der Beweislast entfalteten ihre Bedeutung ausschließlich im Prozeß und berührten im übrigen das Verhältnis der Parteien zueinander nicht, wird oftmals ohne näheres Eingehen auf die Gegenargumente schlicht festgestellt, Beweislastnormen seien dem Verfahrensrecht zuzurechnen[279]. Zwar wird mitunter durchaus erkannt, daß sich die Regelung der Beweislast aus einer materiell-rechtlichen Norm ergibt. *Bernhardt* weist sogar darauf hin, daß auch im materiellen Recht Normen existieren, die ausdrücklich eine Regelung über die objektive Beweislast enthalten[280]. Gleichwohl führe dies nicht zu der Annahme, daß auch die aus der materiellen Norm abgeleitete Beweislastnorm entsprechend eingeordnet werden müsse, da dies nur auf einer dem deutschen Recht typischen und der romanistischen Betrachtungsweise entlehnten Gewohnheit basiere, materiellrechtliche Sätze auf den Prozeß zuzuschneiden[281].

Allerdings wird in den vorgenannten, überwiegend dem Zivilrecht entstammenden Äußerungen allein die prozessuale Konsequenz der rechtstheoretischen Einordnung erwähnt, nämlich die Revisibilität von unter Verletzung der Beweislastregeln ergangenen Urteilen[282]. Die Konsequenzen hinsichtlich der Gesetzgebungskompetenz, wie sie hier allein von Interesse sind, wurden - soweit ersichtlich - nicht mitbedacht, was im Zivilrecht ohnehin auch keinen Sinn machen würde; hier ist ohnehin der Bundesgesetzgeber zuständig[283].

---

278 *Nierhaus*, Beweismaß und Beweislast S. 201ff; *Nagler*, Dogmatische Strukturen der Beweislast im Öffentlichen Recht, S. 51ff.
279 *May*, Die Revision, S.346f.; *Bernhardt* JR 1966, S.322 (325); *Theuerkauf* MDR 1962, S.449; *Rupp*, AöR 85 (1960), S.301 (317). Ebenso *Ule*, Verwaltungsprozeßrecht S.274f., der jedoch auf eine Begründung dieser Ansicht unter Verweis auf den strafprozessualen Grundsatz „in dubio pro reo" verzichtet.
280 *Bernhardt* JR 1966, S. 322 (325).
281 *Bernhardt* JR 1966, S. 322 (325).
282 Insbesondere *May*, Die Revision, S. 346f.
283 vgl. hierzu *Nagler*, Dogmatische Strukturen der Beweislast im Öffentlichen Recht, S.48ff.

b. Zuordnung allein zum materiellen Recht

Äußerungen in der Literatur, in denen konsequent und durch Argumente untermauert die Auffassung vertreten wird, Beweislastregeln seien immer und in jedem Fall dem materiellen Recht zuzuordnen, lassen sich - soweit ersichtlich - in neuerer Zeit nicht mehr vernehmen. Gleichwohl gibt es derartige Äußerungen für das Verwaltungsrecht aus älterer Zeit[284], deren Argumente in dem bereits Jahrzehnte währenden Streit derart häufig untersucht worden sind[285], daß ein weiteres Eingehen hierauf keine neuen Erkenntnisse verspricht. Einige der oftmals ebenfalls dieser Strömung zugerechneten Äußerungen im neueren Schrifttum[286] gehen auf den Streit überhaupt nicht ein. Sie behandeln dieses Thema zumeist nur en passant. Es ist zu vermuten, daß es sich dabei um Anhänger der im Folgenden beschriebenen herrschenden Meinung handelt, die wegen ihrer verkürzten Darstellung lediglich mißverstanden werden.

c. Herrschende Meinung

Überwiegend wird heute davon ausgegangen, daß die Beweislastnormen jeweils dem Rechtsgebiet zuzuordnen seien, dem der ihnen zugrunde liegende materielle Hauptrechtssatz zugehört[287]. Beweislastnormen seien Ergänzungsnormen des jeweiligen Hauptrechtssatzes, nur die Verortung in dessen Rechtsgebiet werde dem unstreitigen Umstand gerecht, daß Beweislastnormen den sachlichen Inhalt der gerichtlichen Entscheidung bestimmten, auf das Verfahren zur Gewinnung dieser Entscheidung jedoch keinen Einfluß hätten[288]. *Nierhaus*[289] fügt hinzu, daß es im gesamten Zivil- und Verwaltungsprozeßrecht keine den Beweislastregeln vergleichbare Normen gebe. Denn diese entfalteten ihre Wirksamkeit eben nicht im Rahmen der

---

284 *Hofmann*, DVBl. 1957, S. 603 (605); *Redecker* NJW 66, S.1777 (1780f.); *Bachof*, Verfassungsrecht, Verwaltungsrecht, Verfahrensrecht, Bd. I, S. 190 und Bd. II 1967, S. 193.
285 Siehe insbesondere die umfangreiche Auseinandersetzung mit diesem Thema bei *Nierhaus*, Beweismaß und Beweislast, S. 201ff. und *Leipold*, Beweislastregeln und gesetzliche Vermutungen, S. 67ff.
286 *Bader - Bader*, VwGO § 124 Rn. 20; *Meyer-Ladewig* SGG, §103 Rn. 19a; *Gräber - Ruban*, FGO, §115 Rn. 28; *Hübschmann/Hepp/Spitaler - Offerhaus*, AO/FGO, §115 Rn. 84
287 *Rosenberg*, Die Beweislast, S. 81; *Prütting*, Gegenwartsprobleme der Beweislast, S. 178; *Nierhaus*, Beweismaß und Beweislast, S. 214; *Nagler*, Dogmatische Strukturen der Beweislast im Öffentlichen Recht, S. 58; *Peschau*, Beweislast im Verwaltungsrecht, S.13; *Schoch/Schmidt-Aßmann/Pietzner - Pietzner*, VwGO, §132 Rn. 91.
288 *Prütting*, Gegenwartsprobleme der Beweislast, S. 178.
289 *Nierhaus*, Beweismaß und Beweislast, S. 212f.

verfahrensmäßigen Sachverhaltsaufklärung, Beweiswürdigung und Überzeugungsbildung, sondern erst dann, wenn die dafür bestehenden Möglichkeiten erschöpft seien und es dennoch zu keinem Erfolg gekommen sei. Als weiteres Argument führt *Nagler* die zu erwartenden Widersprüchlichkeiten durch die dann ggf. unterschiedliche Gesetzgebungskompetenz an, die sich bei einer rechtssystemarischen Einordnung der Beweislastnormen entweder nur beim materiellen oder nur beim Prozeßrecht ergeben würden[290]. So käme es bei einer starren Zuordnung der Beweislastregeln entweder zum materiellen oder zum Prozeßrecht unter Umständen dazu, daß aufgrund der verfassungsmäßig vorgegebenen Gesetzgebungszuständigkeiten ein Landesgesetzgeber zwar durch den Erlaß einer Norm alle Fälle mit eindeutigem Sachverhalt regeln könne, ihm aber die Möglichkeit zu einer Regelung auch der Fälle, in denen sich der Sachverhalt nicht eindeutig aufklären lasse, entzogen sei[291].

d. Stellungnahme

Es sind, soweit ersichtlich, in letzter Zeit keine neuen Argumente für eine Qualifizierung der Beweislastnormen als Prozeßrecht angeführt worden. Die bekannten Gründe für eine derartige Einordnung wurden vielfach diskutiert. Aus den bereits erwähnten Gründen sind die vereinzelten Äußerungen, es handele sich stets um Normen des materiellen Rechts, im Zusammenhang dieses Streites zu vernachlässigen.

Gerade das Argument der Gesetzgebungskompetenz muß aber im Rahmen dieser Arbeit überzeugen. Mit der herrschenden Meinung ist also davon auszugehen, daß die Beweislastnormen dem Rechtsgebiet zuzuordnen sind, dem auch der jeweils ihr zugrunde liegende Hauptrechtssatz zugehört. Zutreffend ist ebenfalls die Feststellung, daß dies in der überwiegenden Zahl der denkbaren Fälle, jedoch nicht stets, das materielle Recht sein dürfte[292].

e. Zwischenergebnis

Es hat sich gezeigt, daß gesetzliche Regelungen zur Beweislast nicht in jedem Fall dem Prozeßrecht zuzuordnen sind und damit die Gesetzgebungskompetenz nicht zwingend beim Bundesgesetzgeber liegen muß. Vielmehr richtet sich die Zuständigkeit hierfür nach der Zuständigkeit zur Regelung der jeweiligen materiellen Fragen.

---

290 *Nagler*, Dogmatische Strukturen der Beweislast im Öffentlichen Recht, S. 51f., 57f.
291 *Nagler*, Dogmatische Strukturen der Beweislast im Öffentlichen Recht, S. 51f., 57f.
292 *Nierhaus*, Beweismaß und Beweislast, S. 213f.

2. Gesetzgebungskompetenz auf dem Gebiet des technischen Sicherheits- und Umweltrechts

Die in dieser Arbeit interessierenden Möglichkeiten zu einem Eingriff des Gesetzgebers in die Beweislast und zu einer Beweislastumkehr bei Vorschriften des technischen Sicherheitsrechts sind sämtlich Sachgebieten zuzuordnen, deren Regelung dem Bundesgesetzgeber kraft konkurrierender Gesetzgebungszuständigkeit gemäß Art. 72 Abs. 1 GG gestattet ist: Auf dem Gebiet des Immissionsschutzrechts (BImSchG) gemäß Art. 74 Abs. 1 Nr. 24 GG, für das Kernenergierecht (AtG) gemäß Art. 74 Abs. 1 Nr. 11a GG, für das Gentechnikrecht (GenTG) gemäß Art. 74 Abs. 1 Nr. 26. Solange sich der Gesetzgeber also im Bereich der ihm zugeordneten Materie bewegt, ist es ihm auch prinzipiell gestattet, für diesen Bereich besondere Regeln der Beweislast bis hin zur Beweislastumkehr einzuführen.

II. Materielle Anforderungen an eine Regelung der Beweislast durch den Gesetzgeber

Die materiellen Anforderungen, denen sich der Gesetzgeber bei einer Regelung bzw. Veränderung der Beweislast im Öffentlichen Recht ausgesetzt sieht, sind die selben, wie sie stets an gesetzgeberisches Handeln zu stellen sind. Dem Wortlaut des Grundgesetzes ist zu entnehmen, daß die Gesetzgebung an die Grundrechte (Art. 1 Abs. 3 GG) und an die „verfassungsmäßige Ordnung" (Art. 20 Abs. 3 GG) gebunden ist. Schon aus dem Vorrang der Verfassung ergibt sich jedoch, daß ohne Einschränkung alle Vorschriften des Grundgesetzes den Gesetzgeber binden[293].

Verstöße gegen die Verfassung und ihre Prinzipien werden vom Bundesverfassungsgericht im Rahmen des Normenkontrollverfahrens festgestellt[294], ein mit dem Grundgesetz nicht zu vereinbarendes Gesetz ist von vornherein nichtig[295], wobei die unterschiedlichsten Mängel letztlich zur Ablehnung eines Gesetzes führen können. Auch eine gerichtliche oder gesetzgeberische Handhabung und Gestaltung des Beweisrechts einschließlich der Beweislastregeln kann mit der Verfassung nicht in Einklang stehen und dadurch grundsätzlich auch zur Nichtigkeit einer Vorschrift führen[296].

---

293 Dies ist allgemein anerkannt, vgl. *Maurer*, Staatsrecht, S. 215; *Jarass/Pieroth*, GG, Art. 20 Rn. 23; *Dreier - Schulze-Fielitz*, GG, Art. 20 (Rechtsstaat), Rn. 76; *v.Münch/Kunig - Schnapp*, GG, Art. 20, Rn. 35; *Schmidt-Bleibtreu/Klein*, GG, Art. 20, Rn. 20.
294 Siehe hierzu *Pestalozza*, Verfassungsprozeßrecht, S. 4ff.
295 *Dreier - Schulze-Fielitz*, GG, Art. 20 (Rechtsstaat), Rn. 77.
296 Daß die Handhabung der Beweislast dem Grundgesetz genügen muß, läßt sich

1. Äußerungen des Bundesverfassungsgerichtes zur Beweisbelastung des Bürgers bei staatlichen Eingriffen

Die Tatsache, daß der Gesetzgeber bei einer Umkehr der Beweislast an das Grundgesetz gebunden ist, sagt noch nicht viel darüber aus, was im einzelnen hier zu beachten ist. Um einen Einstieg und einen Überblick über die tatsächlich problematischen Bereiche zu gewinnen, werden daher an dieser Stelle zunächst einige ausgewählte Entscheidungen des Bundesverfassungsgerichts untersucht, die sich, zumindest am Rande, mit der Frage auseinandersetzen, ob der Gesetzgeber das Risiko unaufklärbarer Sachverhalte auf den Bürger abwälzen darf.

Bei der Untersuchung der - allerdings raren - Äußerungen hierzu zeigt sich schnell, daß allgemeine Aussagen zur Beweislastverteilung vermieden werden und betont einzelfallbezogen entschieden wird. Insofern dürfen die Stimmen aus der Rechtsprechung auch nicht überbewertet werden hinsichtlich ihrer Aussagekraft zu allgemeinen Anforderungen. Sie können vielmehr nur das Bewußtsein für die Probleme schärfen und den Weg für die Einzeluntersuchungen im dritten Teil der Arbeit weisen.

a. BVerfGE 9, S. 137: Reugeldgesetz

Gegenstand dieser Entscheidung war das heute nicht mehr geltende Reugeldgesetz[297]. Nach dessen §§ 1 Abs. 4, 4 Abs. 1 konnte gegen denjenigen, der eine ihm erteilte Einfuhrgenehmigung nicht ausnutzte, ein Reugeld festgesetzt werden, wovon dann abgesehen werden konnte, wenn der Reugeldpflichtige die Nichtausnutzung nicht zu vertreten hatte (§ 4 Abs. 2). Dies konnte so ausgelegt werden, daß dem Reugeldpflichtigen der Nachweis auferlegt wurde, daß er die Nichtausnutzung nicht zu vertreten hatte (um so das Reugeldpflicht abzuwenden). Bedenken, daß dies gegen die Grundrechte, das Rechtsstaatprinzip und insbesondere gegen die strafrechtliche Unschuldsvermutung verstoße, wies das Bundesverfassungsgericht in seinem Beschluß vom 3. Februar 1959 zurück[298]. Einen Verstoß gegen die

---

BVerfGE 52, S. 131 (145) entnehmen. Ob, wenn dies nicht der Fall sein sollte, allerdings tatsächlich die Nichtigkeit der gesamten Vorschrift durch das Bundesverfassungsgericht festgestellt würde, ist zu bezweifeln. Eher wäre dann wohl an eine verfassungskonforme Auslegung zu denken, vgl. hierzu *Battis*, HbStR VII, S. 231ff, Rn. 39.

297 Gesetz gegen unbegründete Nichtausnutzung von Einfuhrgenehmigungen vom 27.12.1957 (BGBl. I S. 1005)
298 BVerfGE 9, S. 137 (144ff.).

strafrechtliche Unschuldsvermutung lehnte der *Senat* mit der Begründung ab, dem Reugeld fehle der strafrechtliche Charakter des spezifischen Unwerturteils[299]. Zur rechtstechnischen Gestaltung des § 4 Abs. 2 ReugeldG führte er darüber hinaus aus:

„Insbesondere kann kein Einwand daraus hergeleitet werden, daß nicht die Verwaltung dem Reugeldpflichtigen nachweisen muß, daß er die Nichtausnutzung zu vertreten hat, sondern daß dem Reugeldpflichtigen der Gegenbeweis auferlegt ist. (...) Daß dann der betroffene u.U. gegen die zunächst von der Verwaltung unterstellte Verantwortung den Gegenbeweis führen muß, ist in der Besonderheit der Materie begründet. Die Verwaltung vermag die Frage des Vertretenmüssens nur insoweit zu beurteilen, als allgemein überschaubare Verhältnisse hineinspielen; dagegen kann sie nicht über die internen Geschäftsbetrieb des Betroffenen (...) im Bilde sein; insofern muß der das Material selbst beibringen, um darzutun, daß ihm nicht zuzumuten war, die Einfuhrgenehmigung auszunutzen. Die vom Gesetzgeber gewählte Fassung, bei der man die Kompliziertheit der wirtschaftspolitischen und devisenpolitischen Lage im Übergang von der gebundenen zur freien Wirtschaft berücksichtigen muß, ist nicht von der Art, daß sie wegen des Verstoßes gegen die Grundsätze des Rechtsstaates für ungültig erklärt werden müßte."[300]

Der Entscheidung lassen sich zwei Aspekte entnehmen. Zum einen können Fragen der Sphärenverantwortlichkeit grundsätzlich ein Ansatzpunkt sein, der eine Beweislastverteilung zu Lasten des Bürgers rechtfertigen kann, zum anderen wird dies allein offenbar jedoch nicht für ausreichend gehalten, denn weitere, nicht unerhebliche Umstände müssen zur Rechtfertigung hinzutreten, nämlich im zitierten Fall die besondere „Kompliziertheit der wirtschaftspolitischen und devisenpolitischen Lage".

b. BVerfGE 15, S. 249: Asylrecht

Im Rahmen einer Auseinandersetzung mit der Verfassungsbeschwerde eines türkischen Asylbewerbers gegen seine drohende Abschiebung in die Türkei folgte der *Senat* der Auffassung der zuständigen Behörde und der Gerichte im Instanzenzug, daß der Beschwerdeführer kein politisch Verfolgter im Sinne des Art. 16 GG sei. Hiergegen wandte sich der Asylsuchende, womit er den *Senat* jedoch nicht zu überzeugen vermochte:

„Sein Auftreten in der Bundesrepublik Deutschland und insbesondere sein Verhalten in den Auslieferungsverfahren sprechen eher gegen sein Vorbringen. Zwar obliegt ihm keine Beweislast. Stellt er aber bestimmte Schutzbehauptungen auf, mit denen sein tatsächliches Verhalten schwer zu vereinbaren ist, dann muß mindestens erwartet

---

299 BVerfGE 9, S. 137 (145).
300 BVerfGE 9, S. 137 (152).

werden, daß er dazu beiträgt, diese Widersprüche aufzuklären."[301]

Das Bundesverfassungsgericht stellt einerseits fest, daß der Asylsuchende nicht beweisbelastet ist, andererseits weist es aber darauf hin, daß im Rahmen der freien Beweiswürdigung das widersprüchliche Verhalten des Betroffenen nicht allein durch bloße Gegenbehauptungen widerlegt werden kann. Weitere Erkenntnisse zu den verfassungsrechtlichen Grenzen einer Abwälzung des Beweisrisikos auf den Bürger lassen sich dieser Entscheidung nicht entnehmen.

c. BVerfGE 20, S. 351: Tötung seuchenverdächtiger Haustiere

In dieser Entscheidung hat sich das Bundesverfassungsgericht aus Anlaß eines Vorlagebeschlusses des LG Marburg mit den verfassungsrechtlichen Aspekten einer entschädigungslosen Tötung seuchenverdächtiger Haustiere beschäftigt, wie sie § 11 des Hessischen Ausführungsgesetzes zum Viehseuchengesetz[302] vorgesehen ist[303]. Dabei sah der *Senat* die entschädigungslose Tötung noch als eine Regelung an, die sich im Rahmen der Sozialpflichtigkeit des Eigentums bewege, welche in Art. 14 Abs. 2 GG festgeschrieben sei. In der Entscheidung wird nicht ausdrücklich zu dem Umstand Stellung genommen, daß hier nicht nur seuchenkranke, sondern auch lediglich seuchen*verdächtige* Haustiere entschädigungslos getötet werden können. Jedoch wird aus den Gründen ersichtlich, daß das Bundesverfassungsgericht es für mit der Verfassung vereinbar hält, daß auch in Verdachtslagen eingegriffen wird. In seiner Begründung bezieht sich der *Senat* auf die Rechtsprechung von Bundesverwaltungsgericht[304] und Bundesgerichtshof[305] und gibt deren Aussagen folgendermaßen wieder:

„Die Verpflichtung des Viehhalters, die Tötung seuchenkranker oder seuchenverdächtiger Tiere zu dulden, entspreche nur einer seinem Eigentum wegen einer potentiellen Gefährlichkeit von vornherein innewohnenden Begrenzung, Die Maßnahmen, die gegen seuchenkrankes oder seuchenverdächtiges Vieh ergriffen werden, seien dem Gebiet der polizeilichen Zustandshaftung zuzurechnen, da sie den Eigentümer nur in die Grenzen seiner Eigensphäre zurückwiesen. Diese Zustandshaftung könne sich bis zur Vernichtung des Eigentums auswirken. In den Rahmen der polizeilichen Zustandshaftung füge sich auch die Tötung bloß seuchenverdächtiger Tiere ein."[306]

---

301 BVerfGE 15, S. 249 (253f.).
302 Diese Vorschrift entspricht inhaltlich § 68 Abs. 1 Nr. 10 TierSG.
303 BVerfGE 20, S. 351.
304 BVerwGE 7, S. 257.
305 BGHZ 43, S. 196.
306 BVerfGE 20, S. 351 (356f.).

Eine Enteignung sei in den vorliegenden Fällen nicht zu sehen, denn bei einer Enteignung gehe die öffentliche Gewalt aus eigenem Interesse aktiv, offensiv gegen den Privateigentümer vor, weil sie sein Eigentum für einen öffentlichen Zweck brauche, d.h. in irgendeiner Weise nutzen wolle[307], vorliegend jedoch werde

„... ein bestimmter Eigentumsgegenstand - das Tier - wegen seiner Beschaffenheit, wegen eines gefährlichen Zustands, in dem es sich befindet, dem Eigentümer entzogen. Der Staat ist hier nicht primär am Eigentum interessiert; er bedarf seiner nicht, er will es nicht wirtschaftlich oder sonstwie nutzen. Er verhält sich defensiv; er geht gegen das Eigentum nur vor, um Rechtsgüter der Gemeinschaft - und damit letztlich auch des Eigentümers selbst - vor Gefahren zu schützen, die von dem Eigentum ausgehen. Er wird nicht im Blick auf die Eigentumsentziehung tätig, sondern erfüllt die Pflicht der Abwehr von Gefahren für die Allgemeinheit. Daß er dabei das Privateigentum angreifen und schmälern, äußerstenfalls vernichten muß, ist eine im Prinzip unerwünschte, aber notwendige Nebenwirkung. Der Staat tut damit im Grunde etwas, was der gewissenhafte Eigentümer selbst tun müßte, sobald er erkennt, daß von seinem Eigentum Gefahren für die Öffentlichkeit ausgehen."[308]

Doch in der Entscheidung entwickelt der Senat auch Grenzen für die Sozialbindung des Eigentums an Sachen, von denen erhebliche Gefahren für die öffentliche Gesundheit ausgehen:

„Angesichts der grundsätzlichen Wertentscheidung des Grundgesetzes zugunsten des Privateigentums darf eine Einschränkung im öffentlichen Interesse nur so weit gehen, als es der Schutz des Gemeinwohls zwingend erfordert; der Eingriff steht unter dem Gebot der Verhältnismäßigkeit und des Übermaßverbots."[309]

Die Gefahr muß also mit ihrer tatsächlichen Schwere den Eingriff in das Privateigentum rechtfertigen können. Entscheidend sind das Übermaßverbot und der Grundsatz der Verhältnismäßigkeit, an denen sich der Eingriff messen lassen muß.

d. BVerfGE 48, S. 127: Kriegsdienstverweigerung aus Gewissensgründen

Eine der schwierigsten und daher auch ausgiebig diskutierten[310] Beweisfragen stellt sich im Zusammenhang mit der Kriegsdienstverweigerung aus

---

307 BVerfGE 20, S. 351 (359).
308 BVerfGE 20, S. 351 (359).
309 BVerfGE 20, S. 351 (361).
310 Vergleiche nur *Kokott*, Beweislastverteilung und Prognoseentscheidungen bei der Inanspruchnahme von Grund- und Menschenrechten, S. 223ff. mit zahlreichen Nachweisen.

Gewissensgründen. Denn einerseits darf gemäß Art. 4 Abs. 3 GG niemand gegen sein Gewissen zum Kriegsdienst mit der Waffe gezwungen werden, andererseits kann aber niemand anderes als der Kriegsdienstverweigerer selbst Aufschluß über sein Gewissen und die Entscheidungen, zu denen es ihn veranlaßt, geben. Die Behörden sehen sich deshalb bei dem Beweis über die Frage, ob die Entscheidung zur Kriegsdienstverweigerung tatsächlich von Gewissensgründen getragen ist oder diese nur vorgeschoben werden, erheblichen Schwierigkeiten gegenüber[311]. Mit dieser Problematik hat sich das Bundesverfassungsgericht beschäftigt, der Leitgedanke seiner Überlegungen findet sich sogleich im 7. Leitsatz:

„Die Wehrgerechtigkeit fordert von jeder gesetzlichen Regelung nach Art. 12a Abs. 2 GG in Verbindung mit Art. 4 Abs. 3 Satz 2 GG, daß nur solche Wehrpflichtige als Kriegsdienstverweigerer anerkannt werden, bei denen mit hinreichender Sicherheit angenommen werden kann, daß in ihrer Person die Voraussetzungen des Art. 4 Abs. 3 Satz 1 GG erfüllt sind."[312]

Dieser Gedanke macht es nach Ansicht des *Senats* erforderlich, daß die Anerkennung als Kriegsdienstverweigerer nicht bloß auf eine nicht weiter überprüfbare Erklärung des Verweigerers gestützt sein kann[313]. Das bedeutet im Ergebnis nichts anderes, als daß der Bürger die Beweislast tragen muß, wenn sich das Vorliegen eines Gewissensgrundes nicht feststellen läßt. Die Gründe hierfür werden sorgfältig und ausführlich erörtert, im wesentlichen geht es dabei um eine Abwägung zwischen der grundgesetzlichen Freiheit der Kriegsdienstverweigerung einerseits und der Grundentscheidung für die allgemeine Wehrpflicht sowie die Frage der Wehrgerechtigkeit (Art. 3 Abs. 1 GG) andererseits[314]. Letztlich ausschlaggebend ist jedoch der Aspekt der Mißbrauchsabwehr[315] sowie der Wehrpflicht als gemeinschaftsbezogene bürgerliche Grundpflicht[316]. Insgesamt läßt sich dieser Entscheidung entnehmen, daß Gesichtspunkte der Gemeinwohlverwirklichung sowie auch der Sphärenverantwortung nach Auffassung des *Senats* zu einer Beweisbelastung des Bürgers führen können.

---

311 *Eckertz*, Die Kriegsdienstverweigerung aus Gewissensgründen als Grenzproblem des Rechts, S. 312
312 BVerfGE 48, S. 127 (128f., 7. Leitsatz).
313 Was aber § 25a WPflG 1977 vorsah, der in dieser Entscheidung zurückgewiesen wurde.
314 BVerfGE 48, S. 127 (171ff.).
315 BVerfGE 48, S. 127 (169).
316 BVerfGE 48, S. 127 (166ff.).

e. BVerfGE 49, S. 89: Kalkar

Die sogenannte „Kalkar-Entscheidung" zählt zu den weitreichendsten und wichtigsten Entscheidungen des Bundesverfassungsgerichts auf dem Gebiet des Umweltrechts und dessen Beeinflussung durch die Verfassung[317]. Ihr sind auch Aussagen über die Anforderungen zu entnehmen, die die Verfassung an eine gesetzliche Regelung der Beweislast zu Lasten des Bürgers, gerade auch im Bereich technischer Risiken, stellt. Im 4. Leitsatz heißt es:

> „In einer notwendigerweise mit Ungewißheiten belasteten Situation liegt es zuvorderst in der politischen Verantwortung des Gesetzgebers und der Regierung, im Rahmen ihrer jeweiligen Kompetenzen die von ihnen für zweckmäßig erachteten Entscheidungen zu treffen. Bei dieser Sachlage ist es nicht Aufgabe der Gerichte, mit ihrer Entscheidung an die Stelle der dazu berufenen politischen Organe zu treten. Denn insoweit ermangelt es rechtlicher Maßstäbe."[318]

Der Senat setzt sich intensiv mit den Fragen des Restrisikos, der Risikovorsorge, den staatlichen Schutzpflichten und dem Gestaltungsspielraum des Gesetzgebers in diesem Zusammenhang auseinander[319]. Im Hinblick auf die „Besonderheit des Regelungsgegenstandes"[320] hält er es für zulässig, daß der Gesetzgeber weder zu Art und Ausmaß von Risiken, die akzeptabel bzw. nicht mehr hinnehmbar sind, noch zum Verfahren, mit dem diese Risiken zu ermitteln sind, nähere Aussagen trifft, sondern als Anknüpfungspunkt den jeweiligen Stand von Wissenschaft und Technik wählt und dessen Beurteilung in die Hände der Exekutive legt[321]. Die Kalkar-Entscheidung läßt erkennen, daß das Bundesverfassungsgericht es für ausreichend hält, wenn der Richter sich bei seiner Nachprüfung solcher Behördenentscheidungen auf die Frage beschränkt, ob „bei Kenntnislücken und Unsicherheiten im Bereich der naturwissenschaftlichen und technischen Feststellungen und Beurteilungen die Grenzen der sich daraus ergebenden „Bandbreite" eingehalten worden sind"[322].

Für die Frage, ob es dem Gesetzgeber erlaubt sein kann, auch bei der Beweislastverteilung eine abschließende Regelung zu treffen, und was die Verfassung hierbei fordert, sind die maßgeblichen Aussagen im 6. Leitsatz zusammengefaßt:

---

317 Zur grundlegenden Bedeutung von BVerfGE 49, 89ff. (Kalkar) siehe nur *Ossenbühl*, DÖV 1981, S. 1ff.
318 BVerfGE 49, S. 89 (90, 4. Leitsatz).
319 BVerfGE 49, S. 89 (137ff.).
320 BVerfGE 49, S. 89 (138).
321 BVerfGE 49, S. 89 (138f.).
322 BVerfGE 49, S. 89 (136).

„Vom Gesetzgeber im Hinblick auf seine Schutzpflicht eine Regelung zu fordern, die mit absoluter Sicherheit Grundrechtsgefährdungen ausschließt, die aus der Zulassung technischer Anlagen und ihrem Betrieb möglicherweise entstehen können, hieße die Grenzen menschlichen Erkenntnisvermögens verkennen und würde weithin jede staatliche Zulassung der Nutzung von Technik verbannen. Für die Gestaltung der Sozialordnung muß es insoweit bei der Abschätzung anhand praktischer Vernunft bewenden. Ungewißheiten jenseits dieser Schwelle praktischer Vernunft sind unentrinnbar und insofern als sozialadäquate Lasten von allen Bürgern zu tragen."[323]

Es wird dem Gesetzgeber, gerade bei der Ausgestaltung des Umganges mit Ungewißheitsbedingungen, ausdrücklich ein breiter Handlungsspielraum zugebilligt[324]. Zugleich wird in der Entscheidung jedoch davon ausgegangen, daß das Risiko von Schäden zwischen dem Anlagenbetreiber und den im Einflußbereich der Anlage lebenden Personen zu *verteilen* ist, denn beide Gruppen sind mit grundrechtlich geschützten Positionen betroffen. Die staatliche Schutzpflicht für die von der Kernenergie möglicherweise bedrohten ergebe sich am deutlichsten aus Art. 1 Abs. 1 Satz 2 GG, wonach es eine Verpflichtung aller staatlicher Gewalt sei, die Würde des Menschen zu schützen[325]. Dem läßt sich insgesamt als Grenze des Zulässigen entnehmen, daß die Abwälzung der gesamten Risiken auf lediglich eine Gruppe, die keine *Verteilung* ist, nicht erlaubt sein kann, denn die Grundrechtsgefährdungen müssen sich in einem bestimmten Rahmen bewegen.

f. BVerfGE 52, S. 131: Arzthaftung

Obwohl sich diese Entscheidung auf das zivilrechtliche Verhältnis zwischen schädigendem Arzt und dem geschädigten Patienten im Rahmen eines Arzthaftungsprozesses bezieht, sind ihr dennoch einige Aussagen zur Zulässigkeit einer Beweislastumkehr zu entnehmen, der sich - bei aller gebotenen Vorsicht - auch brauchbare Erkenntnisse für das Öffentliche Recht entnehmen lassen.

Denn der Senat bringt in diesem Zusammenhang Aspekte des „fairen Verfahrens" und der „Waffengleichheit im Prozeß" ins Spiel[326], die es im Einzelfall als geboten erscheinen lassen könnten, Beweismaß und Beweislast zu modifizieren. Dies sei etwa dann der Fall, wenn dem Geschädigten „die Beweisführung für einen Arztfehler angesichts eines vom Arzt verschuldeten

---

323 BVerfGE 49, S. 89 (90, 6. Leitsatz).
324 BVerfGE 49, S. 89 (135).
325 BVerfGE 49, S 89 (142).
326 BVerfGE 52, S. 131 (147).

Aufklärungshindernisses billigerweise nicht mehr zugemutet werden kann."[327].

Hier zeigen sich zumindest Ansatzpunkte für Anforderungen, die das Bundesverfassungsgericht auch im Öffentlichen Recht an eine Veränderung der geltenden Beweislast stellen könnte.

g. BVerfG NJW 1990, S. 1229: Bestandsbedrohte Pflanzen und Tiere

In diesem Kammerbeschluß hatte sich das Bundesverfassungsgericht mit der Verfassungsmäßigkeit von § 21f BNatSchG zu befassen. Nach dieser Vorschrift werden zunächst die Zollbehörden ermächtigt, Tiere und Pflanzen, die Ein- oder Ausfuhrbeschränkungen unterliegen, zu beschlagnahmen. Dem Verfügungsberechtigten kann dann der Nachweis abverlangt werden, daß der Ein- oder Ausfuhr keine Beschränkungen entgegenstehen. Können die verlangten Dokumente nicht (fristgerecht) beigebracht werden, so darf nach der Vorschrift die Einziehung erfolgen. Geprüft wurde die Vereinbarkeit dieser Vorschrift mit dem Grundgesetz, insbesondere mit Art. 2 Abs. 1 GG in Verbindung mit dem Rechtsstaatsprinzip, mit Art. 14 Abs. 1 GG sowie mit dem Grundsatz der Verhältnismäßigkeit. Die Vereinbarkeit wurde bejaht, die Beschwerde mangels ausreichender Aussichten auf Erfolg nicht zur Entscheidung durch den *Senat* angenommen.

Zunächst lehnte die *Kammer* einen Verstoß gegen Art. 2 Abs. 1 GG in Verbindung mit dem Rechtsstaatsprinzip ab für den Fall, daß die Einziehung des Gegenstandes auch dann erfolgen darf, wenn die Schuld des Betroffenen an der verspäteten Beibringung der Dokumente nicht erwiesen ist. Der Nachweis der Schuld des Täters, so argumentierte die *Kammer*, sei für die Einziehung deshalb nicht notwendig, weil es sich hierbei nicht um eine Strafe, sondern um eine reine Präventionsmaßnahme handele[328]. Mit ihnen solle nicht in erster Linie durch Repression auf ein rechtswidriges Verhalten reagiert werden. „Diese Maßnahmen (sind) vielmehr Teil eines Systems wirksamer Handelsbeschränkungen, die die wirtschaftliche Nutzung gefährdeter Arten eindämmen sollen."[329]. Für dessen Wirksamkeit sei die Gewährung des unmittelbaren Zugriffs auf die geschützten Exemplare entscheidend. Es handele sich um ein Mittel aus dem Bereich der Gefahrenabwehr, deshalb sei es „verfassungsrechtlich unbedenklich, daß diese Maßnahmen gesetzlich verschuldensunabhängig sind."[330] Aus diesen Ausführungen wird deutlich, daß

---

327 BVerfGE 52, S. 131 (149) unter Hinweis auf BGH NJW 1978, S. 2337.
328 BVerfG NJW 1990, S. 1229.
329 BVerfG NJW 1990, S. 1229.
330 BVerfG NJW 1990, S. 1229.

die strafrechtliche Unschuldsvermutung und der Satz „in dubio pro reo" dann keinerlei Bedeutung haben sollen, wenn die zugrundeliegende Maßnahme keinen Sanktionscharakter (in erster Linie) hat.

Obwohl die Einziehung nach § 21f BNatSchG möglicherweise in bestehende Eigentumspositionen des bürgerlichen Rechts eingreife, will die *Kammer* darin dennoch keine Enteignung sehen, weshalb es auch einen Verstoß gegen Art. 14 Abs. 1 GG abgelehnt hat. Vielmehr handele es sich dabei um eine verfassungsrechtlich zulässige Inhalts- und Schrankenbestimmung des Eigentums gemäß Art. 14 Abs. 1 Satz 2 GG[331]. Seine verfassungsrechtliche Rechtfertigung findet diese Inhalts- und Schrankenbestimmung in der Tatsache, daß durch die Errichtung einer öffentlich-rechtlichen Ordnung bezüglich der betroffenen Güter überragende Gemeinwohlbelange geschützt und der Abwehr von Gefahren gedient werde. Es könne keine Zweifel darüber geben, daß „Eigentumsschranken zur Abwehr einer Bestandsbedrohung freilebender Tiere und Pflanzen als Maßnahme zum Schutz der Umwelt der Sicherung überragender Gemeinschaftsbelange dienen."[332]

Schließlich hat die *Kammer* festgestellt, daß der Grundsatz der Verhältnismäßigkeit durch die verfahrensmäßige Ausgestaltung des Beschlagnahme- und Einziehungsverfahrens mit Entschädigungspflicht und Fristbestimmung nicht verletzt sei, „denn dem Beschwerdeführer wurde ausreichend Gelegenheit gegeben, die erforderlichen Unterlagen beizubringen"[333]. Das Gericht nimmt zu der in der Vorschrift eingeführten Nachweis(beibringungs)pflicht des Bürgers zur Verhinderung staatlicher Eingriffe, was im Ergebnis gleichbedeutend ist mit einer Beweislastumkehr zu Lasten des Bürgers, nicht explizit Stellung, es kann aber davon ausgegangen werden, daß in den Regelungen keine Probleme hinsichtlich der Verhältnismäßigkeit gesehen werden.

h. Zusammenfassende Stellungnahme zur Rechtsprechung des Bundesverfassungsgerichts

Die Entscheidungen und Begründungen zu den Fällen, in denen auch bei staatlichen Eingriffen die Beweislast dem Bürger obliegen soll, sind, wie bereits angedeutet wurde, stets auf den konkreten Einzelfall bezogen und daher zunächst nicht ohne weiteres verallgemeinerbar. Jedoch läßt sich bereits diesen wenigen Stimmen entnehmen, daß keinesfalls stets die Verwaltung bei

---

331 BVerfG NJW 1990, S. 1229.
332 BVerfG NJW 1990, S. 1229.
333 BVerfG NJW 1990, S. 1229 (1230).

Eingriffen in Grundrechte des Bürgers die Beweislast tragen müßte. Im Gegenteil: Das Gericht zeigt sich recht großzügig bei der Zulassung besonderer Nachweispflichten des Bürgers und Beweisbelastungen auch bei der Eingriffsverwaltung. Dies zeigt sich etwa insbesondere bei der älteren Entscheidungen zum Reugeldgesetz[334] und bei dem Beschluß zum Bundes-Naturschutzgesetz[335].

Jedoch, auch dies ist der Rechtsprechung zu entnehmen, der Gesetzgeber ist keineswegs frei bei der Ausgestaltung solcher Nachweispflichten und Beweislastumkehrungen. Stets wurden besondere Umstände zur Rechtfertigung herangezogen. Die Rechtfertigung ergab sich immer aus übergeordneten Belangen des Gemeinwohls, hinter denen die Interessen des durch die Beweislast bzw. Nachweispflicht Belasteten zurücktreten mußten.

Daneben werden auch einige Prüfungsmaßstäbe deutlich, an denen sich eine Beweislastumkehr zu Lasten des Bürgers im Falle staatlicher Eingriffe messen lassen muß. Es sind dies neben den Freiheits- und Gleichheitsgrundrechten der Grundsatz der Verhältnismäßigkeit sowie auch das Rechtsstaatsprinzip, insbesondere in seiner Ausprägung als Gebot des fairen Verfahrens und der Waffengleichheit im Prozeß.

2. Katalog der materiellen Anforderungen

Die Ausführungen des Bundesverfassungsgerichts können insgesamt nur als Einstieg in die Problematik verstanden werden. Eine Systematisierung unter Einbeziehung auch der von der Rechtsprechung nicht angesprochenen Aspekte, also die Erstellung eines Katalogs der materiellen Anforderungen, die das Grundgesetz an eine Beweislastumkehr durch den Gesetzgeber stellt, wird daher im folgenden zu leisten sein.

Bei den materiellen Anforderungen der Verfassung an die Regelung einer Beweislastumkehr zu Lasten des Bürgers lassen sich zunächst einmal zwei Bereiche unterscheiden. Sie können als „verfahrensmäßiger Rahmen" und als „Verhältnismäßigkeit im Lichte der betroffenen Rechtspositionen" überschrieben werden.

---

334 BVerfGE 9, S. 137ff., oben Buchstabe a.
335 BVerfG NJW 1990, S. 1229f., oben lit. g.

a. Verfahrensmäßiger Rahmen

Für den verfahrensmäßigen Rahmen ist insbesondere das Rechtsstaatsprinzip von Bedeutung, welches als allgemeiner Rechtsgrundsatz und eins der elementaren Prinzipien des Grundgesetzes zugleich alle Träger der öffentlichen Gewalt, den Gesetzgeber auf Bundes- und Landesebene eingeschlossen, bindet[336]. Das Rechtsstaatsprinzip wird hergeleitet aus „einer Zusammenschau der Bestimmungen des Art. 20 Abs. 3 GG über die Bindung der Einzelgewalten und der Art. 1 Abs. 3, 19 Abs. 4, 28 Abs. 1 Satz 1 GG sowie aus der Gesamtkonzeption des Grundgesetzes"[337]. Ebenso wie das Rechtsstaatsprinzip keine einheitliche, genau faßbare Wurzel im Text der Verfassung hat, ist es in seiner tatsächlichen Bedeutung durch verschiedene Ausprägungen bestimmt, zu der wiederum auch die Bindung des Gesetzgebers an die verfassungsmäßige Ordnung zählt[338]. Die Anforderungen, die das Prinzip der Rechtsstaatlichkeit an eine Normierung der Beweislast stellt, werden im folgenden zu untersuchen sein.

Der langjährigen Rechtsprechungspraxis können gewisse Standards entnommen werden, die als Ausfluß des Rechtsstaatsprinzips bei der Gesetzgebung zu beachten sind und den verfahrensmäßigen Rahmen vorgeben. Aus ihnen lassen sich einige grundsätzliche materielle Anforderungen an den Gesetzgeber bei der Regelung der Beweislast gewinnen, wobei hier nur auf die Aspekte genauer eingegangen wird, von denen sich in diesem Zusammenhang tatsächlich relevante Vorgaben erwarten lassen.

aa. Faires Verfahren

Als Ausprägung des Rechtsstaatsprinzips, für das Verwaltungsrecht direkt Art. 19 Abs. 4 GG zu entnehmen, soll dem Einzelnen nach ständiger Rechtsprechung ein allgemeiner Anspruch auf ein faires, rechtsstaatliches Verfahren zustehen[339]. Es soll ein effektiver Rechtsschutz gegen Akte der öffentlichen Gewalt erreicht werden, womit auch qualitative Vorgaben für die inhaltliche wie die zeitliche Ausgestaltung des gerichtlichen Verfahrens verbunden sind[340]. Zwar gelten die

---

336 BVerfGE 2, S. 380 (403).
337 BVerfGE 2, S. 380 (403).
338 *Battis/Gusy*, Staatsrecht, S. 138.
339 Vgl. etwa BVerfGE 52, S. 131 (145); 69, S. 126 (139f.); 75, S. 183 (190f.); aber auch 26, S. 66ff. (71f.); 38, S. 105 (111ff.); 39, S. 238 (243); 46, S. 202 (210).
340 *Benda/Maihofer/Vogel - Benda*, § 17 Rn. 46; *Badura*, Staatsrecht, S. 592f.; *Maurer*, Staatsrecht S. 222.

Vorgaben des Art. 19 Abs. 4 GG zunächst nur für das Prozeßrecht[341]. Wie bereits festgestellt wurde, sind Regeln über die Beweislast nicht unbedingt solche des Verfahrensrechts, sondern richten sich nach der Rechtsmaterie, auf die sie bezogen sind[342]. Der Gesetzgeber wird durch das Gebot des fairen Verfahrens jedoch nicht nur bei der Ausgestaltung des Prozeßrechts, sondern auch bei der des materiellen Rechts unmittelbar gebunden, soweit dieses von Einfluß auf die Organisations- und Verfahrensnormen ist[343]. Für die Normierung der Beweislast, bei der sich der Gesetzgeber am „Schnittpunkt von sachlichem und Verfahrensrecht"[344] bewegt, muß das Gebot des fairen Verfahrens insofern beachtet werden, als sich hieraus konkrete Ergebnisse für den Verfahrensausgang in einer bestimmten Verfahrenssituation, nämlich der des non liquet ergeben. Dem Richter wird durch eine die Beweislast regelnde Norm vorgegeben, wie er dann zu entscheiden hat. Das Verfahren muß in dieser Situation ebenso fair und rechtsstaatlich verlaufen, wie sonst auch; da sich die Entscheidung nicht mehr auf sicher zu ermittelnde Tatsachen stützen kann, ist sogar besondere Fairness zu fordern, soll eine für alle Seiten akzeptable und damit den Rechtsfrieden wieder herstellende Entscheidung ergehen[345]. Ganz allgemein verbindet man mit dem Gebot des fairen Verfahrens die Forderung an den Prozeß, materielle Gerechtigkeit herzustellen bzw. zu erhalten[346].

Ein faires Verfahren setzt voraus, daß die angefochtene Maßnahme nicht nur in rechtlicher, sondern auch in tatsächlicher Hinsicht vollständig durch das Gericht nachgeprüft wird[347]. Lassen sich die Tatsachen nicht mehr (vollständig) ermitteln, so darf dies nicht stets zu Lasten einer Partei gehen. Vielmehr ist mit Blick auf das Gebot der Fairness im Verfahren zu fordern, daß das Prozeßrisiko dann zumindest unter den Parteien verteilt wird und sich diese Verteilung an sachgerechten Kriterien orientiert[348]. Beispielsweise wäre es sicher nicht mit dem Gebot des fairen rechtsstaatlichen Verfahrens zu vereinbaren, wenn der Gesetzgeber, etwa um es der Verwaltung bequemer zu machen, die Beweislast per Gesetz grundsätzlich dem Bürger auferlegen würde.

Konkretere Aussagen für die Anforderung, die sich aus dem Gebot des rechtsstaatlichen Verfahrens für eine Regelung der Beweislast ergeben, lassen sich losgelöst von dem jeweiligen Gesetz nicht machen. Jedoch läßt sich als

---

341 *Maurer*, Staatsrecht S. 221.
342 Vgl. oben Abschnitt B I. 1. d).
343 *Maunz/Dürig - Schmidt-Aßmann*, GG, § 19 IV, Rn. 18ff.
344 BVerfGE 52, S. 131 (145).
345 *Maunz/Dürig - Schmidt-Aßmann*, GG, § 19 IV, Rn. 228.
346 BVerfGE 52, S. 131 (144f.).
347 *v.Münch/Kunig - Krebs*, GG, Art. 19, Rn. 65.
348 *Reinhardt*, NJW 1994, S. 93 (96).

äußere Grenze festhalten, daß die Risikoverteilung bei Beweislosigkeit nicht willkürlich erfolgen darf, sondern den Geboten der Fairness und der Sachgerechtigkeit zu folgen hat.

bb. Grundsatz der prozessualen Waffengleichheit

Der Grundsatz der prozessualen Waffengleichheit ist eine konkrete Ausprägung des allgemeinen Gleichheitssatzes aus Art. 3 Abs. 1 GG und des Rechtsstaatsprinzips für den Bereich des Verfahrens[349]. So, wie der allgemeine Gleichheitssatz einen in allen Bereichen geltenden Verfassungsgrundsatz darstellt[350], muß die Waffengleichheit im Prozeß nicht nur von der Rechtsprechung, sondern auch vom Gesetzgeber bei der Ausgestaltung des materiellen und des Verfahrensrechts berücksichtigt werden dergestalt, daß die Gleichwertigkeit der Stellung der Parteien durch eine gleichmäßige Anwendung des materiellen Rechts und die Ausgestaltung und Handhabung des Verfahrensrechts gewährleistet ist[351]. Daher läßt sich auch dem Grundsatz der prozessualen Waffengleichheit zunächst einmal die gleiche Forderung an eine Ausgestaltung der Beweislast durch den Gesetzgeber entnehmen, wie dem Gebot des fairen Verfahrens: sie muß im weitesten Sinne auf eine „gerechte" Risikoverteilung bei unaufklärbaren Sachverhalten ausgerichtet sein, sich also an sachgerechten Erwägungen orientieren und darf zu keiner einseitigen, willkürlichen Benachteiligung einer Partei führen.

Darüber hinaus ist aber zu fragen, ob hier nicht eine Regelung des Gesetzgebers zur Beweislast zwingend zu einer Ungleichbehandlung führt und somit immer die Gefahr eines Verstoßes gegen das in diesem Grundsatz enthaltene Gleichheitsgrundrecht birgt.

Eine gesetzliche Regelung zur Beweislast bedeutet de facto die Ungleichbehandlung desjenigen, bei dem im konkreten Fall der Tatbestand hinreichend sicher festgestellt werden konnte, und des nach der Norm Beweisbelasteten, wenn Zweifel im Tatsächlichen nicht ausgeräumt werden können. Der Grund für diese Differenzierung liegt allein in der verbleibenden Ungewißheit. Dabei könnten theoretisch zwei Fälle vollkommen identisch sein, nur weil sich in einem Fall die Tatsachen nicht zur richterlichen Gewißheit feststellen lassen, ergeht aufgrund der gesetzlichen Bestimmung zur Beweislast eine gegensätzliche Entscheidung. Darin könnte ein Verstoß gegen den allgemeinen Gleichheitssatz zu sehen sein, wenn, um es mit dem

---

349 BVerfGE 52, S. 131 (156); 55, S. 72 (94); 69, S. 126 (140).
350 BVerfGE 6, S. 84 (91); 38, S. 225 (228); 41, S. 1 (13).
351 *Schmidt-Bleibtreu/Klein*, GG, Art. 20, Rn. 21.

Bundesverfassungsgericht zu sagen, „eine Gruppe von Normadressaten im Vergleich zu anderen Normadressaten anders behandelt wird, obwohl zwischen beiden Gruppen keine Unterschiede von solcher Art und solchem Gewicht bestehen, daß sie die ungleiche Behandlung rechtfertigen könnten"[352]. Dem Wortlaut nach läßt sich die sogenannte neue Formel des *Senats* ohne weiteres auf den hier diskutierten Fall anwenden, allerdings stellt sich doch die Frage, ob sie auf den Vergleich von dem Adressaten einer Beweislastentscheidung mit dem Adressaten einer auf gesicherter Tatsachenbasis ergangenen Entscheidung wirklich übertragbar ist. Denn ursprünglich war mit dem allgemeinen Gleichheitssatz nur gemeint, daß rein willkürliche Differenzierungen verboten sind[353]. Von Willkür kann jedoch in dem erwähnten Beispiel nicht die Rede sein. Aber es ist auch nicht ersichtlich, warum das Bundesverfassungsgericht nicht beim Wort genommen werden sollte und dem Gleichheitssatz nicht auch für eine gesetzliche Regelung der Beweislast Maßstäbe entnommen werden können, die über das bereits erwähnte allgemeine Willkürverbot hinausgehen.

Daß der Gesetzgeber die Rechtsfolge differenziert, die denjenigen trifft, bei dem sich etwa die Erteilungsvoraussetzungen (Zuverlässigkeit o.äh.) für eine öffentlich-rechtliche Genehmigung positiv feststellen lassen und denjenigen, bei dem eine negative Feststellung getroffen werden konnte ist einleuchtend. Hierin ist eine ungerechtfertigte Ungleichbehandlung nicht zu sehen (wobei natürlich tatsächlich eine Ungleichbehandlung vorliegt und der in Art. 3 Abs. 1 GG enthaltene Gedanke, daß dies einer Rechtfertigung bedarf, theoretisch auch hier eingreift. Allerdings werden derartige Überlegungen vernünftigerweise nicht angestellt, da der Rechtfertigungsgrund für die Ungleichbehandlung in dem festgestellten ungleichen Sachverhalt liegt. Das dies zur Rechtfertigung taugt, dürfte in der Regel außerhalb jeglicher ernstlicher Zweifel stehen.). Wenn aber in dem erwähnten Beispiel eine Beweislastregel zu Lasten des Antragstellers existierte und Unklarheiten verblieben, so stellt sich die Frage, ob es dem Gesetzgeber erlaubt ist, ihn gleich dem Unzuverlässigen zu behandeln und hinsichtlich des Zuverlässigen zu differenzieren oder umgekehrt. Die Frage ist nur dann zu bejahen, wenn Unterschiede solcher Art und von solchem Gewicht bestehen, daß die ungleiche Behandlung gerechtfertigt werden kann. Anders gewendet: allein das Verbleiben von Unklarheiten muß einen hinreichenden Grund für die Differenzierung der Rechtsfolge liefern. Für diese Rechtfertigung reicht es nach dem zitierten Satz des Bundesverfassungsgerichts nicht aus, daß der Grund etwa sachlich einleuchtend ist, vielmehr muß er auch gewichtig genug sein, die Differenzierung zu rechtfertigen[354].

---

352 BVerfGE 55, S. 72 (88).
353 BVerfGE 1, S. 14 (52).
354 Vgl. dazu auch *Alternativkommentar - Stein*, GG, Art. 3 Rn. 54; *Maurer*, Staatsrecht, S. 263.

Hierfür lassen sich freilich keine abstrakten Regeln aufstellen, vielmehr muß die konkrete gesetzliche Beweislastregel danach untersucht werden. Es läßt sich aber dem allgemeinen Gleichheitssatz aus Art. 3 Abs. 1 GG entnehmen, daß eine Beweislastregel hinsichtlich ihrer Gleichsetzungen und Differenzierungen von Fällen, in denen sich der Sachverhalt nicht aufklären läßt mit solchen, in denen der Tatbestand positiv bzw. negativ erwiesen ist, nicht nur dem Verbot der Willkür unterliegt, sondern auch bei der Differenzierung dem Grundsatz der Verhältnismäßigkeit genügen muß.

cc. Anspruch auf rechtliches Gehör

Der in Art. 103 Abs. 1 GG verbürgte Anspruch auf rechtliches Gehör ist eine weitere Ausprägung des Rechtsstaatsprinzips und dabei zugleich subjektives, grundrechtsgleiches Recht und objektiv-rechtliches Prinzip[355].

Als objektive Verfahrensnorm kann Art. 103 Abs. 1 GG auch den Gesetzgeber binden. Denn wenn eine Verfahrensnorm dieser Anforderung nicht genügt bzw. sich mit dem Rechtsstaatsprinzip und dem Grundgesetz nicht vereinbaren läßt, greift diese Vorschrift unmittelbar ein[356]. Dem läßt sich die Aufforderung an den Gesetzgeber entnehmen, die Vorschriften, die das Gerichtsverfahren prägen, mit dem Anspruch auf rechtliches Gehör in Einklang zu bringen. Inhaltlich gewährt dieser Anspruch jedem an einem Rechtsstreit Beteiligten das Recht, „daß er Gelegenheit erhält, sich zu dem einer gerichtlichen Entscheidung zugrunde liegenden Sachverhalt und zur Rechtslage zu äußern"[357]. Dazu muß den Beteiligten das Wort erteilt, der Verfahrensgegenstand bekannt gegeben, das Vorbringen entgegen genommen und das Urteil schließlich auch auf die vorgebrachten Tatsachen gestützt werden, das Vorgebrachte muß also seine Berücksichtigung finden[358]. Hier zeigt sich, daß dem Anspruch auf rechtliches Gehör keine Aussagen zum Umgang des Gesetzgebers mit einem non liquet zu entnehmen sind. Denn das Problem ist in dieser Situation nicht, daß eine Partei nicht in angemessener Weise gehört wird, sondern daß sich aufgrund des im Verfahren Vorgebrachten keine sichere Rekonstruktion des Sachverhalts leisten läßt.

Der Anspruch auf rechtliches Gehör kann nur bedeuten, daß dem Beteiligten

---

355 *Sachs - Degenhart*, GG, Art. 103 Rn. 1; *Jarass/Pieroth*, GG, Art. 103, Rn. 1; *Schmidt-Bleibtreu/Klein*, GG, Art. 103, Rn. 1; *v.Münch/Kunig*, GG, Art. 103 Rn. 1.
356 *Knemeyer*, HbStR VI, S. 1271ff., Rn. 22.
357 BVerfGE 60, S. 175 (210).
358 *Battis/Gusy*, Staatsrecht, Rn. 411.

zugehört und das Vorbringen „in Erwägung gezogen"[359] wird. Daß im Rahmen der Beweiswürdigung das Vorbringen der Beteiligten erwogen wird, daran kann auch eine gesetzliche Regelung der Beweislast nichts ändern. Aus Art. 103 Abs. 1 GG läßt sich aber kein Anspruch darauf herleiten, daß der Richter dem Vorbringen auch mit seiner Überzeugung folgt; im Verwaltungsprozeß herrscht das Prinzip der materiellen Wahrheit. Der Richter ist danach nicht an das Vorbringen der Parteien gebunden, sondern er hat die Wahrheit nach allen Seiten hin aufzuklären[360]. Wenn das Gericht nach sorgfältiger Abwägung und nach bestmöglicher Erforschung des Sachverhalts auch unter Berücksichtigung des Vorbringens der Parteien zu keiner Überzeugung gelangt, und wenn es dann einer gesetzlichen Anweisung zur Auflösung des non liquet folgt, so kann von einer Verletzung des grundrechtlichen Anspruchs auf rechtliches Gehör keine Rede sein.

dd. Unabhängigkeit des Richters

Art. 97 Abs. 1 GG garantiert die Unabhängigkeit der Richter. Nach Art. 20 Abs. 3 GG ist die Rechtsprechung (nur) an Gesetz und Recht gebunden. Dies gilt sowohl gegenüber Eingriffen der Exekutive als auch - theoretisch - gegenüber solchen der Legislative[361]. Ein Eingriff in die richterliche Unabhängigkeit könnte bei einer gesetzlichen Regelung zur Beweislast darin bestehen, daß der Gesetzgeber dem Richter unmittelbar vorgibt, wie er sich im Falle eines non liquet zu entscheiden habe.

Vorgaben an den Richter, wie er zu entscheiden habe, dürfen und müssen aber gerade durch ein Gesetz gemacht werden. Wenn also eine Regelung zur Verteilung der Beweislast durch ein demokratisches Gesetz eingeführt wird, so ist dies mit Hinblick auf die Unabhängigkeit des Richters und der rechtsprechenden Gewalt unproblematisch. Denn der Schutz der Rechtsprechung aus Art. 20 Abs. 3 und Art. 97 Abs. 1 GG zielt in erster Linie darauf ab, den Richter vor der Einflußnahme durch Verwaltungsvorschriften zu bewahren und die richterliche Gewalt dadurch zu sichern, daß z.B. deren Entscheidungen nicht durch andere Gewalten aufgehoben werden können[362]. Weitere Aussagen hinsichtlich einer gesetzgeberischen Regelung zur Beweislast lassen sich dem Grundsatz der Gewaltenteilung und dem verfassungsmäßigen Gebot zur Unabhängigkeit der Judikative nicht entnehmen.

---

359 BVerfGE 11, S. 218 (220).
360 *Schneider*, In dubio pro libertate, in: Hundert Jahre Deutsches Rechtsleben: Festschrift zum hundertjährigen Bestehen des DJT 1860-1960, S. 263 (273f.).
361 *Jarass/Pieroth*, GG, Art. 97 Rn. 5.
362 *Dreier - Schulze-Fielitz*, GG, Art. 20 (Rechtsstaat), Rn. 69.

b. Verhältnismäßigkeit im Lichte der betroffenen Rechtspositionen

Die allgemeine Aussage, daß der Gesetzgeber an das Grundgesetz gebunden ist, läßt kaum konkrete Rückschlüsse darauf zu, was im einzelnen hinsichtlich einer Regelung der Beweislast zu beachten ist. Über die bereits erwähnten formellen Anforderungen, hier in erster Linie die Gesetzgebungskompetenz[363], und den mit dem Rechtsstaatsprinzip umrissenen verfahrensrechtlichen Rahmen[364] sind es nach Art. 1 Abs. 3 GG insbesondere die Grundrechte, die den Gesetzgeber unmittelbar binden[365]. Angesichts der Unterschiedlichkeit der mit einer Beweislastumkehr verfolgten Ziele, je nach der im Einzelfall betroffenen Norm, und der von jedem einzelnen Grundrecht geschützten, also bei einer Veränderung der Beweislastverteilung möglicherweise verletzten Rechte, kann hier nicht von der jeweiligen Gesetzesmaterie und ihrem konkreten Regelungsgehalt losgelöst eine abschließende Antwort darauf gegeben werden, wo der Gesetzgeber eingreifen darf und wo nicht. Eine solche vertiefte Untersuchung für einige umweltrechtliche Vorschriften aus dem Bereich des technischen Sicherheitsrechts folgt im dritten Teil dieser Arbeit. Soweit sich allgemeine Aussagen machen lassen, werden diese hier jedoch „vor die Klammer" gezogen.

Es wurde bereits festgestellt, daß mit einer Umkehr der Beweislast in Vorschriften des technischen Sicherheitsrecht, die den Staat bei Gefahren und Risiken zu Eingriffen ermächtigen, die Anforderungen an die Eintrittswahrscheinlichkeit des Schadens abgesenkt werden[366]. In der Regel wird die Risikovorsorge ausgeweitet bzw. die Eingriffsschwelle bis hin zum Bereich des sogenannten Restrisikos verlagert[367]. Aus dieser Feststellung ergeben sich zwei hauptsächliche Folgen für die verfassungsrechtliche Beurteilung der gesetzgeberischen Maßnahme:

Bereits die Untersuchung der „Kalkar-Entscheidung" des Bundesverfassungsgerichts[368] hat gezeigt, daß dem Gesetzgeber bei der Risikovorsorge zur Erzielung bestmöglicher Ergebnisse angesichts der Dynamik technischer und wissenschaftlicher Fortschritte ein gewisser Einschätzungs- und Gestaltungsspielraum zustehen soll[369]. Dem läßt sich entnehmen, daß auch die

---

363 Siehe oben Abschnitt B I.
364 Siehe oben lit. b).
365 v.Münch/Kunig, GG, Art. 1, Rn. 50.
366 Siehe oben im zweiten Teil Abschnitt A II.
367 Zu den Begrifflichkeiten Risiko und Restrisiko siehe oben im zweiten Teil Abschnitt A II.
368 BVerfGE 49, S. 89, siehe dazu oben im zweiten Teil Abschnitt B II. 1. e)
369 BVerfGE 49, S. 89 (138ff.),

Umkehr der Beweislast nicht grundsätzlich aus dem Katalog der zulässigen gesetzgeberischen Mittel der Risikovorsorge auszuschließen ist.

Allerdings unterscheiden sich die Maßnahmen der Risikovorsorge grundlegend von solchen, die der Abwehr von Gefahren dienen[370]. Während Maßnahmen der Gefahrenabwehr in der Regel angesichts der greifbaren Bedrohung von geschützten Rechtsgütern in ihrer Rechtfertigung weniger problematisch sind[371], unterliegen Maßnahmen der Risikovorsorge einem erhöhten Rechtfertigungsdruck. Wenn die Eintrittswahrscheinlichkeit des Schadens geringer ist, möglicherweise nur der Verdacht einer Gefahr besteht, so richtet sich die Zulässigkeit des Eingreifens maßgeblich nach dem Grundsatz der Verhältnismäßigkeit[372]. Von solchen Maßnahmen wird also gefordert werden müssen, daß sie einer strikten Verhältnismäßigkeitsprüfung standhalten müssen[373].

Eine weitere Begrenzung findet die Risikovorsorge dort, wo ein Risiko nach den Maßstäben der praktischen Vernunft nicht mehr vorliegt, und nach der Kalkar-Entscheidung der Bereich des von der Allgemeinheit unentrinnbar hinzunehmenden Restrisikos beginnt[374]. Unterhalb dieser Schwelle ist ein staatliches Eingreifen nach Ansicht des Bundesverfassungsgerichts nicht mehr geboten. Ein Mindestmaß an Realität ist also auch dort zu fordern, wo es nicht um die Abwehr von, sondern lediglich um die Vorsorge gegen das Entstehen künftiger Schäden und Gefahren geht[375], „Vorsorge ins Blaue" ist nicht zulässig[376]. *Kloepfer* warnt vor möglichen politischen und rechtlichen Einwänden, wenn der Staat über das verfassungsrechtlich gebotene Maß hinausgeht und er „sich mit eigener Gefahrenphantasie die Eingriffsvoraussetzungen für sein Handeln praktisch selbst schaffen würde"[377]. Für den Bereich staatlicher Eingriffe in Individualrechte fordert er weiter, daß sie nur unter engeren Voraussetzungen zuzulassen seien, insbesondere bei einer gewissen Risikoverdichtung sowie beim Betroffensein hochrangiger Rechtsgüter in beträchtlichem Umfang[378].

Dies muß bei der notwendigen Abwägung der einzelnen Interessen und der

---

370 Vgl. zur Unterscheidung nochmals *Kloepfer*, Umweltrecht § 3 Rn. 17.
371 *Maunz/Dürig - Papier*, GG, Art. 14 Rn. 112.
372 *Drews/Wacke/Vogel/Martens*, Gefahrenabwehr, S. 226f.
373 *Maunz/Dürig - Papier*, GG, Art. 14 Rn. 113.
374 BVerfGE 49, S. 89 (90, Leitsatz 6).
375 *Ossenbühl*, NVwZ 1986, S. 161 (166), *Fleury*, Das Vorsorgeprinzip im Umweltrecht, S. 62f.
376 *Ossenbühl*, NVwZ 1986, S. 161 (166).
377 *Kloepfer*, Umweltrecht, § 4 Rn. 16.
378 *Kloepfer*, Umweltrecht § 4 Rn. 17.

durch die Regelung möglicherweise betroffenen Rechtspositionen mitbedacht werden.

Die Prüfung, ob eine Beweislastumkehr durch den Gesetzgeber dem Grundsatz der Verhältnismäßigkeit standhalten kann, setzt voraus, daß die auf beiden Seiten möglicherweise betroffenen Rechtsgüter und geschützten rechtlichen Positionen feststehen. Auf seiten des Bürgers bzw. Betreibers einer technischen Anlage sind an erster Stelle die Grundrechte zu nennen. Auf der anderen Seite stehen Schutzpflichten des Staates gegenüber den von Gefahren und Risiken der Technik möglicherweise Betroffenen, aus denen sich eine Rechtfertigung des staatlichen Eingriffs ergeben könnte.

aa. Grundrechte der Betreiber

Bei der Frage nach den möglicherweise betroffenen Grundrechtspositionen derjenigen, zu deren Lasten sich eine Beweislastumkehr bei Eingriffsermächtigungen des technischen Sicherheitsrechts auswirken würde, muß zunächst einmal auf die Frage eingegangen werden, ob die Grundrechte auch dort, wo sich die Ausübung dieser Rechte als (möglicherweise) umweltschädigendes Verhalten auswirkt, die gleiche Wirksamkeit entfalten. Zu dem „Grundrecht auf Umweltnutzung" gibt es unterschiedliche Auffassungen.

aaa. Kein Grundrecht auf Umweltnutzung

Es wird nämlich die Auffassung vertreten, umweltbelastendes Handeln sei keine Ausübung von Freiheitsrechten und unterstehe somit nicht den für diese gewährten Garantien des Grundgesetzes[379]. Die Inanspruchnahme von Umweltmedien sei vielmehr die Teilhabe an Gütern der Allgemeinheit. Dies könne der Einzelne nur insoweit für sich beanspruchen, als sich ein solcher Anspruch unmittelbar aus dem Grundgesetz herleiten lasse. Das sei jedoch nur für den absolut lebensnotwendigen Kernbereich der originären Teilhabe der Fall, bei Luft also etwa bei der Atmung[380]. Liege darüber hinaus ein Mehr an Inanspruchnahme der Umwelt vor, so sei dies ein Fall der faktischen Teilhabe an Gütern der Allgemeinheit, welcher nicht durch die Freiheitsrechte des Grundgesetzes geschützt sei, weil dieser nicht in den Schutzbereich dieser Rechte falle. Diese Ausklammerung der Umweltnutzung aus den

---

379 *Murswiek* DVBl. 1994, S. 77 (79); *Scherzberg* DVBl. 1994, S. 733 (742); *Winter* KJ 1992, S. 387 (402): *Wieland* WUR 1991, S. 128 (134); ähnlich auch *Lorenz* FS Lerche S. 277f für Gentechnik und Tierschutz.
380 *Murswiek* DVBl. 1994, S. 77 (82).

grundrechtlichen Freiheitsgarantien wird damit begründet, daß die Beschränkungen von Nutzungen nichts anderes bedeute, als die Herstellung einer Kompatibilität der Freiheit des Einzelnen mit der Freiheit anderer[381]. Es sei nämlich grundsätzlich ein Recht aller, die Natur zu nutzen, und nicht eine dem Einzelnen zugeordnete Rechtsposition. Ein Zugriff auf diese Nutzungsmöglichkeit schränke daher auch nicht eine individuelle Rechtsposition ein. Zudem seien derartige Beschränkungen denknotwendige Voraussetzung dafür, daß es in Zukunft überhaupt noch Naturnutzungen geben könne, daß also auch der grundrechtlich geschützte originäre Teilhabeanspruch des Einzelnen, bei Luft also etwa die Atmung, weiterhin gewährt werden könnte. Die Begrenzungen von Naturnutzungen trügen also ihre Rechtfertigung "in sich" und seien keiner Relativierung durch Verhältnismäßigkeitserwägungen zugänglich[382].

bbb. Herrschende Meinung

Die herrschende Meinung lehnt hingegen die Ausklammerung umweltbelastenden Verhaltens aus dem Schutzbereich der Freiheitsgrundrechte ab[383]. Hierfür werden im wesentlichen drei Gründe angeführt: erstens wird auf die zu befürchtenden Konsequenzen verwiesen, die eine solche Ausklammerung mit sich brächte, denn auch die Exekutive könnte dann ohne gerichtliche oder parlamentarische Kontrolle im Namen der Umwelt in großem Umfang gegen bestimmte Verhaltensweisen vorgehen[384]. Außerdem wird die Systematik des Grundgesetzes angeführt. Würde ein Grundrechtsschutz für umweltbelastendes Verhalten abgelehnt, so wäre bei einer Reihe von Verhaltensweisen hinsichtlich deren Einschränkbarkeit die differenzierte Schrankenarchitektur der Grundrechte unterlaufen. Sie aber sei der Beweis dafür, daß der Grundgesetzgeber erst auf der Schranken- und nicht bereits auf der Schutzbereichsebene bestimmten Betätigungen den Grundrechtsschutz verweigern wollte[385]. Schließlich sei auch der allgemeine Freiheitsgedanke des Grundgesetzes zu berücksichtigen: dieser gehe von einem quasi-naturrechtlichen Freiheitsverständnis des Menschen als Freiheit von staatlichen Eingriffen aus,

---

381 *Murswiek* DVBl. 1994, S. 77 (80).
382 *Murswiek* DVBl. 1994, S. 77 (80).
383 *Kloepfer/Vierhaus*, Anthropozentrik, Freiheit und Umweltschutz in rechtlicher Sicht, S. 42; *Kloepfer*, Umweltrecht, §3 Rn. 53; ders., FS Hansmeyer S. 172Ff; *Hoppe/Beckmann/Kauch*, Umweltrecht, § 4 Rn. 37f.; *Krebs*, Abwasserbeseitigung und Gewässerschutz, S. 24; *Meyer* Gebühren für die Nutzung von Umweltressourcen, S. 135ff; *Lühle* Beschränkungen und Verbote des Kraftfahrzeugverkehrs, S. 49ff; *Kluth* NuR 1997, S. 105 (107); ebenfalls, mit Abstrichen, *Rupp* JZ 1971, S. 401 (403).
384 *Krebs* Abwasserbeseitigung und Gewässerschutz, S. 24.
385 *Kloepfer*, FS Hansmeyer S. 173f.

was Art. 1 Abs. 2 GG mit seinem Bekenntnis zu den Menschenrechten verdeutliche. Die Grundfreiheiten des Menschen seien etwas dem Staat Vorausliegendes[386]. Zu diesen Grundfreiheiten gehöre auch die Nutzung der Natur als etwas, das auch ohne den Staat möglich sei. Allein die Knappheit oder zunehmende Wichtigkeit der Umweltressourcen vermöge nicht, deren Nutzung automatisch aus dem grundrechtlichen Freiheitsbereich auszuschließen[387].

ccc. Stellungnahme

Eine Ausklammerung von Umweltnutzungen aus dem Schutzbereich der Freiheitsrechte des Grundgesetzes ist nicht nur, wie deren Gegner anführen, wegen der zu erwartenden Unterhöhlung der ausgewogenen Schrankensystematik bedenklich. Auch praktische Erwägungen sprechen gegen eine "Umweltverträglichkeitsprüfung der Grundrechte"[388]. So soll auch nach Ansicht von deren Befürworter der sogenannte Kernbereich der originären Teilhabe nicht ausgeklammert werden[389]. Dessen Bestimmung dürfte jedoch im Einzelfall kaum exakt möglich und somit die Abgrenzung dessen, was noch unter den Schutzbereich des entsprechenden Freiheitsrechts fällt, von erheblicher Unsicherheit belastet sein. Überhaupt erfordert die Qualifikation von Verhaltensweisen als umweltschädlich eine höchst differenzierte und einzelfallbezogene Betrachtungsweise. Allein der Verbrauch oder die Inanspruchnahme von Umweltressourcen kann hierfür kein ausreichendes Indiz sein. So ist zum Beispiel der Betrieb eines Flugzeuges mit Verbrennungsmotor gezwungenermaßen mit Verbrauch von Umweltressourcen verbunden. Ein Flug etwa in den Badeurlaub wäre nach der strengen Haltung der Mindermeinung nicht vom Schutzbereich der entsprechenden Grundrechte erfaßt. Wenn ein solches Flugzeug jedoch zur Löschung von Waldbränden eingesetzt wird, so kann schwerlich noch von umweltschädlichem Verhalten gesprochen werden. Auch der Bereich der originären Teilhabe bei absolut essentiellen, lebensnotwendigen Tätigkeiten läßt sich nicht exakt von dem nach der Mindermeinung nicht mehr grundrechtlich geschützten, sonstigen umweltschädlichen Verhalten abgrenzen. Lebensnotwendig kann auch die Fahrt mit dem Auto zum Einkauf von Lebensmitteln oder zum Arzt sein, sie müßte somit eigentlich ebenfalls freiheitsrechtlich geschützt sein. Die Grenze von geschütztem und nicht geschütztem Verhalten verschwömme damit derart, daß eine sichere Abgrenzung unmöglich würde. Die überragende Wichtigkeit des zurückhaltenden Umgangs mit Naturressourcen und des Umweltschutzes ist

---

386 *Meyer*, Gebühren für die Nutzung von Umweltressourcen, S. 140.
387 *Lühle*, Beschränkungen und Verbote des Kraftfahrzeugverkehrs, S. 50f.
388 *Kloepfer*, Umweltrecht § 3 Rn. 53.
389 *Murswiek* HdbStR V. § 112 Rn. 103f; *ders*. DVBl. 1994, S. 77 (82).

angesichts der drängenden ökologischen Probleme unbestritten. Dennoch kann sie nicht dazu führen, daß bestimmte Tätigkeiten nach ungenauen Maßstäben aus dem Schutzbereich der grundrechtlichen Freiheitsgarantien herausgenommen werden. Man kann diesen Problemen im Rahmen von Verhältnismäßigkeitsprüfungen und Abwägungen in angemessenem Umfang Rechnung tragen, ohne damit an den systematischen Strukturen des Grundgesetzes zu rütteln. Der herrschenden Meinung ist somit zu folgen.

bb. Bedeutung der Betreibergrundrechte für die Beweislastverteilung

Die Grundrechte schützen auch denjenigen, der sich umweltbelastend oder umweltschädigend verhält, also im gleichen Maße, wie überall. Eine Ausklammerung umweltschädigenden Verhaltens aus dem Schutzbereich der Grundrechte, auch nur eine Reduzierung des Grundrechtsschutzes für den Umweltschädiger ist also abzulehnen.

Der Gesetzgeber ist bei der Ausgestaltung des Verfahrensrechts genauso an die Grundrechte gebunden, wie bei der Kodifizierung des materiellen Rechts[390]. Nach dem zuvor Gesagten kann für eine Regelung zur Beweislast nichts anderes gelten. Die grundgesetzlich verbürgten Freiheitsrechte des Einzelnen müssen also bei der Normierung der Beweislast beachtet werden.

Die Freiheitsrechte des Grundgesetzes interessieren im hier untersuchten Zusammenhang sowohl in ihrer primären Funktion als spezielle Abwehrrechte gegen staatliche Eingriffe als auch in ihrer Funktion als objektive Wertentscheidung[391]. Welche Anforderungen sich aus den Freiheitsrechten in ihrer ersten Funktion für den Einzelfall ergeben, ist einer abstrakten Betrachtung nur schwer zugänglich und muß geprüft werden, wenn jeweils anhand des gesetzgeberischen Planes erkennbar ist, welche Freiheiten überhaupt dadurch betroffen sind.

Ein Ansatzpunkt für den Maßstab, den das einzelne Freiheitsrecht dem Gesetzgeber bei der Ausgestaltung der Beweislast im Verwaltungsrecht setzt, wird anhand folgender Überlegungen deutlich: Grundrechte haben die Aufgabe, die individuellen Lebensräume vor der Einwirkung öffentlicher Gewalt zu bewahren[392]. Aus dieser subjektiven Perspektive des Einzelnen ergibt sich als Umkehrschluß, daß die Grundrechte dem Staat Grenzen setzen, die er auch bei

---

390 BVerfGE 52, S. 30 (65); *Badura*, HbStR VII, S. 176.
391 Zur Unterscheidung der Funktionen der Grundrechte vgl. *Jarass/Pieroth*, GG, vor Art. 1, Rn. 1ff.; *Schmidt-Bleibtreu/Klein*, GG, vor Art. 1 Rn. 2a ff.
392 *Lübbe-Wolff*, Die Grundrechte als Eingriffsabwehrrechte, S. 25.

der Gesetzgebung in jeder Hinsicht zu beachten hat[393]. Die Ausübung der Grundrechte kann, schon im Sinne eines gedeihlichen Zusammenlebens in der Gesellschaft, nicht schrankenlos gewährt werden, so daß Eingriffe in die Grundrechte nicht nur zulässig, sondern mitunter sogar notwendig sind[394]. Wenn diese Eingriffe durch ein Gesetz geschehen, so sind sie genereller Art. Andererseits erfahren manche Grundrechte durch ein Gesetz auch nur eine Ausgestaltung, d.h. mit der gesetzlichen Regelung wird nicht der Schutzbereich berührt, sondern nur definiert[395]. Im ersten Fall bedarf der Eingriff durch das Gesetz einer Rechtfertigung, das heißt er muß sich anhand der verfassungsrechtlichen Schranken rechtfertigen lassen. Zusätzlich ist in einigen Grundrechten vorgesehen, daß die ihren Schutzbereich beschränkenden Gesetze einen bestimmten Zweck verfolgen müssen (sog. qualifizierter Gesetzesvorbehalt)[396]. Im Zusammenhang mit einer gesetzlichen Regel zur Beweislast wird dies dann bedeutsam, wenn das entsprechende Gesetz zwar für den Regelfall des aufklärbaren Sachverhalts den Anforderungen aus der Verfassung noch entspricht, weil etwa die Beschränkung der Freiheit dann gerechtfertigt ist, wenn der Tatbestand feststeht. Wenn jedoch in einer solchen Vorschrift zugleich vorgesehen ist, daß eine Freiheitsbeschränkung auch bei verbleibenden Unsicherheiten möglich ist, so stellt sich die Frage, ob dies durch die Grundrechtsschranken noch gedeckt ist, also verfassungsrechtlich gerechtfertigt werden kann. Nichts anderes gilt für Gesetze, mit denen der Schutzbereich eines Grundrechts nur ausgestaltet bzw. rechtlich geprägt wird. Allein die Unsicherheit als Anknüpfungspunkt für eine andere Ausgestaltung des Schutzbereichs einer Grundrechtsnorm erscheint ganz generell nur eine zweifelhafte Rechtfertigung zu sein und muß einer Prüfung in jeder einzelnen Vorschrift standhalten.

Zudem ist der Grundkonzeption der Freiheitsrechte als objektive Wertentscheidung, die dem Einzelnen ein Höchstmaß an individueller Freiheit gewähren soll[397], ganz generell zu entnehmen, daß eine Beweislastregelung, die die Ausübung eines Freiheitsrechts zur Ausnahme macht, schwerlich mit der Verfassung zu vereinbaren ist. Denn die Freiheitsrechte als institutionelle Garantie enthalten den verfassungsrechtlichen Auftrag zur freiheitsgerechten

---

393 *Pieroth/Schlink*, Staatsrecht, Rn. 73ff.
394 Vgl. hierzu den folgenden Abschnitt zu den staatlichen Schutzpflichten.
395 Wie etwa die Grundrechtlich geschützte Ehe erst durch die einfachgesetzliche Schaffung dieses Rechtsinstituts geprägt wird oder das Eigentum seine Inhaltsbestimmung auf der Basis der einfachen Gesetze erhält, zum Ganzen siehe *Lübbe-Wolff*, Die Grundrechte als Eingriffsabwehrrechte, S. 59ff.
396 Etwa in Art. 5 Abs. 2 oder 11 Abs. 2., vgl. hierzu *Pieroth/Schlink*, Grundrechte, Staatsrecht II, Rn. 269ff.
397 Vgl. *Stern*, HbStR V, § 109, Rn. 27.

Ausgestaltung der Lebensbereiche[398]. Kurz gesagt: auch die Regeln der Beweislast dürfen nicht dazu führen, daß Freiheit zur Ausnahme wird und staatliche Beschränkung der Freiheit die Regel ist.

In der Literatur zur Beweislast im Verwaltungsrecht wird immer wieder der Satz „in dubio pro libertate" genannt und als Kriterium der Beweislastverteilung diskutiert[399]. Dahinter verbirgt sich die Annahme, daß der Mensch sich aller Wahrscheinlichkeit nach rechtmäßig verhalten werde und in ausreichender Weise selbst versorgen könne[400]. Demgegenüber seien Handlungen des Staates Ausnahmen von dieser freiheitlichen Regel und deshalb in besonderem Maße rechtfertigungsbedürftig[401]. Daraus ergebe sich eine Entscheidungsregel im Falle des non liquet, die Verwaltung und Gesetzgebung binde, „weil eine Freiheitsbeschränkung nur da zulässig ist, wo die entsprechenden tatsächlichen Voraussetzungen zweifelsfrei erwiesen sind"[402].

Ob hierin eine eigene Beweislastregel zu sehen ist, wie es *Schneider*[403] und *Auer*[404] tun, kann in diesem Zusammenhang offenbleiben. Bereits im ersten Teil dieser Arbeit hat sich gezeigt, daß „in dubio pro libertate" jedenfalls kein allgemeingültiges, übergreifendes Prinzip der Beweislastverteilung ist[405]. Auch wenn der von *Peschau* gegen das „Prinzip" in dubio pro libertate erhobene Einwand einleuchtet, daß dabei in zu schlichten Gegensätzen gedacht werde[406], so ist doch noch nichts über seine unbestritten zutreffende Kernaussage gesagt: Beschränkungen der Freiheit bedürfen stets einer besonderen Begründung. Diese Aussage wird bei der Beurteilung einer durch den Gesetzgeber geschaffenen Beweislastregel bedeutsam: Sofern es sich um eine den Bürger belastende Verteilung handelt, durch die seine Freiheitsrechte eingeschränkt

---

398 *Battis/Gusy*, Staatsrecht, Rn. 372.
399 Siehe etwa nur bei *Schneider*, In dubio pro libertate, in: Hundert Jahre Deutsches Rechtsleben: Festschrift zum hundertjährigen Bestehen des DJT 1860-1960, S. 263ff.; *Peschau*, Die Beweislast im Verwaltungsrecht, S. 68ff.; *Nierhaus*, Beweismaß und Beweislast, S. 420ff.; *Th. Berg*, Beweismaß und Beweislast, S. 89; *Auer*, Die Verteilung der Beweislast im Verwaltungsstreitverfahren, S. 70f.; *Dürig*, Beweismaß und Beweislast im Asylrecht, S. 105; *Nagler*, Dogmatische Strukturen der Beweislast im Öffentlichen Recht, S. 93ff.
400 *Schneider*, In dubio pro libertate, in: Hundert Jahre Deutsches Rechtsleben: Festschrift zum hundertjährigen Bestehen des DJT 1860-1960, S. 263 (274ff.; 280).
401 *Auer*, Die Verteilung der Beweislast im Verwaltungsstreitverfahren, S. 72.
402 *Schneider*, In dubio pro libertate, in: Hundert Jahre Deutsches Rechtsleben: Festschrift zum hundertjährigen Bestehen des DJT 1860-1960, S. 263 (290).
403 *Schneider*, In dubio pro libertate, in: Hundert Jahre Deutsches Rechtsleben: Festschrift zum hundertjährigen Bestehen des DJT 1860-1960, S. 263 (290).
404 *Auer*, Die Verteilung der Beweislast im Verwaltungsstreitverfahren, S. 75.
405 Siehe oben im ersten Teil Abschnitt A II. 2. e) cc).
406 *Peschau*, Die Beweislast im Verwaltungsrecht, S. 69.

werden, muß *allein die Beseitigung der Unsicherheit* als Grund für die Freiheitsbeschränkung ausreichen. Das bedeutet, daß die Situation der Unsicherheit, um als Rechtfertigungsgrund ausreichend zu sein, in der Regel für die Allgemeinheit mindestens ebenso unerträglich sein muß, wie die Situation, die mit den im Tatbestand der Eingriffsnorm umschrieben ist.

Mit Blick auf die Freiheitsrechte verdienen also zwei Aspekte bei der Gesetzgebung zur Regelung der Beweislast besondere Beachtung. Zum einen darf - ganz allgemein - Freiheit nicht zur Ausnahme und Beschränkung der Freiheitsausübung nicht zur Regel werden. Zum anderen muß jeweils geprüft werden, inwieweit die eine Beschränkung grundrechtlicher Freiheiten tragende Rechtfertigung auch eine Beschränkung für den Fall verbleibender Zweifel erlaubt.

cc. Schutzpflichten des Staates gegen Umweltrisiken

Wenn der Staat wegen bestehender Risiken und Gefahren für die Allgemeinheit gegen Einzelne vorgeht, so tut er dies in Ausübung seiner staatlichen Schutzpflichten. Er wird tätig im Interesse derjenigen, denen Schäden an Leib oder Eigentum drohen[407]. Primär geht es bei den einer Technologie ausgesetzten Bürgern um den Schutz ihrer Grundrechte aus Art. 2 Abs. 2 GG, der Rechte des Lebens und der körperlichen Unversehrtheit[408]. Es gibt verschiedene Ansätze, diese Pflicht des Staates aus dem Grundgesetz herzuleiten[409], von Interesse ist an dieser Stelle jedoch insbesondere der Umfang der Schutzpflicht. Unstreitig hat der Staat eine Pflicht, vor erkannten Gefahren zu schützen[410], darüber hinaus ist jedoch auch auf dem Bereich der Vorsorge ein Eingreifen des Staates mitunter grundgesetzlich geboten, nach der Rechtsprechung des Bundesverfassungsgerichts wird ein Grundrecht „nicht erst durch die faktische Verletzung der geschützten Rechtsgüter beeinträchtigt; es soll einer faktischen Verletzung der geschützten Rechtsgüter vielmehr vorbeugen"[411]. Die Grenze der staatlichen Schutzpflicht verläuft dort, wo der Bereich des unentrinnbaren Restrisikos beginnt, welches als sozialadäquate Last von allen Bürgern zu tragen ist[412]

---

407 *Pietrzak*, JuS 1994, S. 748.
408 *Streinz*, BayVBl. 1989, S. 550 (554f).
409 Vergleiche hierzu *Di Fabio*, Risikoentscheidungen im Rechtsstaat, S. 41ff.; *Pietrzak*, JuS 1994, S. 748ff.
410 BVerfGE 49, S. 89 (141f.); 53, S. 30 (57); 56, S. 24 (73ff.); *Damm/Hart*, KritV 1987, S. 183 (195f.); *Marburger*, WiVerw. 1981, S. 241 (245).
411 BVerfGE 53, S. 30 (51).
412 BVerfGE 49, S. 89 (141f.); *Stötzel*, Kerntechnische Schutzkonzepte und atomrechtliche Anlagengenehmigung, S. 20.

dd. Bestimmung der Verhältnismäßigkeit

Bei einer Regelung zur Beweislast wird der Gesetzgeber durch den Grundsatz der Verhältnismäßigkeit gebunden, der sich ebenfalls auf das Rechtsstaatsprinzip zurückführen läßt[413]. Dieser Grundsatz ist Ausdruck des allgemeinen Freiheitsanspruchs des Bürgers, der dem Staat nur solche Beschränkungen und Eingriffe erlaubt, die zum Schutze öffentlicher Interessen unerläßlich sind[414]. Er hat eine kaum zu überschätzende Bedeutung erlangt[415], wird als „praktisch wichtigste Grenze gegenüber Freiheitseingriffen" bezeichnet[416] und ist bedeutsam auch im Zusammenhang mit einer Beweislastumkehr für Eingriffsnormen des technischen Sicherheitsrechts, wo der Gesetzgeber den grundgesetzlich verbürgten Rechte der Anlagenbetreiber ebenso gerecht werden muß wie seinen staatlichen Schutzpflichten der von Techniknutzung bedrohten Bevölkerung.

Der Grundsatz der Verhältnismäßigkeit läßt sich nach heute herrschender Auffassung in drei Anforderungen an staatliches Handeln unterteilen: es muß geeignet, erforderlich und angemessen sein[417]. Geeignet ist die staatliche Maßnahme schon dann, wenn der mit ihr beabsichtigte zulässige öffentliche Zweck gefördert wird, durch sie also ein Beitrag zu dessen Erreichung geleistet werden kann[418]. Der legitime Zweck in der Formulierung einer Beweislastnorm ist in der abschließenden und sicheren Regelung auch all der Fälle zu sehen, in denen im Verfahren die Sachverhaltsaufklärung scheitert. Daß eine Norm über die Verteilung der Beweislast dieser Zielsetzung dient, daran können keine Zweifel bestehen. Die Geeignetheit ist im Rahmen des Verhältnismäßigkeitsgrundsatzes regelmäßig die niedrigste Hürde für die untersuchte Maßnahme[419], und so dürfte auch im hier untersuchten Zusammenhang ein Scheitern an der Geeignetheit nicht zu befürchten sein, vorausgesetzt das Ziel entspricht dem oben genannten und dessen Erreichung wird durch die Beweislastregelung gefördert.

Das Gebot der Erforderlichkeit verlangt von einer staatlichen Maßnahme, daß sie unter den zur Erreichung des Zwecks zur Verfügung stehenden das mildeste

---

413 Vgl. *v.Münch/Kunig*, GG, Art. 19 Rn. 24.
414 BVerfGE 19, S. 342 (348f.).
415 *Jarass/Pieroth*, Art. 20, Rn. 80, *Goerlich*, Grundrechte als Verfahrensgarantien, S. 222.
416 *Battis/Gusy*, Staatsrecht, Rn. 493.
417 Grundlegend hierzu *Lerche*, Übermaß und Verfassungsrecht; *Yi*, Das Gebot der Verhältnismäßigkeit in der grundrechtlichen Argumentation, S. 109ff.
418 Siehe nur etwa BVerfGE 30, S. 292 (316); 33, S. 71 (187); *Maunz/Dürig - Herzog* Art. 20 VII, Rn. 74.
419 Vgl. *Alexy*, Theorie der Grundrechte, S. 100ff.

Mittel ist[420], sprich durch seinen Einsatz die Interessen des Bürgers am wenigsten beeinträchtigt werden[421]. Als Zweck wird auch hier das Bestreben des Gesetzgebers angenommen, eine verbindliche Regelung für die prozessuale Situation des non liquet zu schaffen. Zunächst einmal ist kein weiteres Mittel denkbar, eine dahingehende abschließende und verbindliche Regelung zu treffen. Da also insofern keine Alternative besteht, kann davon ausgegangen werden, daß durch eine gesetzliche Regelung der Beweislast das dem Verhältnismäßigkeitsgrundsatz innewohnende Gebot des mildesten Mittels nicht verletzt wird.

Es scheint allerdings angesichts folgender Überlegungen dennoch sinnvoll, die Frage der Erforderlichkeit einer gesetzlichen Beweislastregelung im konkreten Einzelfall nicht gänzlich zu übergehen. Denn wie sich bereits gezeigt hat, sind Beweislastregeln nicht der einzige Weg, Unsicherheiten im Verfahren abzufangen: auch Veränderungen des geforderten Beweismaßes können dies leisten[422]. Allerdings bewirken sie nicht exakt das gleiche, sofern der Zweck im oben genannten Sinn eng gefaßt wird. Im Rahmen der Verhältnismäßigkeitskontrolle ist jedoch streng zu fordern, daß das Mittel denselben oder einen besseren Erfolg erzielen muß, selbst ein „geringfügiges Minus auf der Erfolgsseite muß zu einer Bejahung der Erforderlichkeit führen"[423]. Somit ist im Rahmen einer konkreten Prüfung der einzelnen Beweislastregel allenfalls zu prüfen, ob nicht anderweitige Eingriffe, insbesondere hinsichtlich des geforderten Beweismaßes, für den Bürger weniger belastend sind, jedoch dabei der Erreichung des gesetzgeberischen Ziels in exakt gleicher oder besserer Weise dienen[424].

Schließlich müßte eine Regel zur Beweislast, die der Gesetzgeber aufstellt, auch angemessen, also verhältnismäßig im engeren Sinne sein. Sie muß einer umfassenden Prüfung der Zweck-Mittel-Relation standhalten, was eine eingehende Betrachtung der durch die Regelung möglicherweise beeinträchtigten Rechtsgüter des Normadressaten und des einzelnen Zwecks voraussetzt. Insoweit kann hier nur die Prüfung des Einzelfalls Erfolg versprechen. Dabei muß festgestellt werden, ob die ergriffene Maßnahme im Lichte der Verfassung, insbesondere der durch sie betroffenen Grundrechtspositionen Bestand haben kann.

---

420 *Wittig*, DVBl. 1968, S. 817.
421 *Maunz/Dürig - Herzog*, GG, Art. 20, Rn. 75.
422 Vgl. oben im ersten Teil der Arbeit Abschnitt A I.
423 *Gentz*, NJW 1968, S. 1600 (1604).
424 So wohl auch *Reinhardt*, NJW 1994, S. 93 (96f.), der bei seiner Untersuchung allerdings den Zivilprozeß im Auge gehabt zu haben scheint und sich explizit mit einer Beweislastumkehr beschäftigt.

Festzuhalten bleibt, daß das Verhältnismäßigkeitsprinzip hinsichtlich der Geeignetheit einer Beweislastregelung des Gesetzgebers keine nennenswerten Hürden aufstellt. Jedoch ist das Gebot der Erforderlichkeit insoweit zu beachten, als sich möglicherweise im Einzelfall weniger einschneidende Mittel finden lassen, um ebenfalls zuverlässig die Unsicherheit durch Erkenntnisdefizite im Verfahren auszuschalten, wobei insbesondere eine Regelung des Beweismaßes in Frage kommt. Schließlich muß die Angemessenheit der Maßnahme im Rahmen einer umfassenden Abwägung von Zweck und Mittel in jedem Falle geprüft werden.

c. Zusammenfassung

Es hat sich gezeigt, daß der Gesetzgeber sich bei einer Normierung der Beweislast umfangreichen verfassungsrechtlichen Anforderungen gegenüber sieht und seine Aktivitäten auf diesem Gebiet keineswegs in sein freies Belieben gestellt sind. Abgesehen von den allgemeinen Anforderungen, die an die Gesetzgebung zu stellen sind, läßt sich dem Grundgesetz und den allgemeinen rechtsstaatlichen Prinzipien bereits ein Katalog von Anforderungen entnehmen, denen es bei einem solchen Vorhaben gerecht zu werden gilt. Diese Anforderungen wirken sich im Einzelfall in unterschiedlicher Weise aus und müssen daher bei der Betrachtung eines konkreten Gesetzgebungsvorhabens jeweils mit berücksichtigt werden.

III. Ergebnisse des zweiten Teils: Anforderungen an den Gesetzgeber

Die Regeln der Beweislast sind rechtssystematisch jeweils dem Gebiet zuzuordnen sind, dem auch der Hauptrechtssatz angehört, auf den sie sich beziehen. Für den hier untersuchten Bereich des technischen Sicherheitsrechts kann deshalb davon ausgegangen werden, daß der Bundesgesetzgeber die Gesetzgebungskompetenz auch zur Regelung einer Beweislastumkehr innehat.

In materieller Hinsicht hat er dabei die Wertungen der Verfassung zu beachten. Obwohl das Bundesverfassungsgericht in seiner - allerdings spärlichen - Rechtsprechung zu diesem Thema einen großzügigen Maßstab anzulegen und, insbesondere mit seiner Kalkar-Entscheidung[425], dem Gesetzgeber einigen Gestaltungsspielraum zuzubilligen scheint, herrscht hier keineswegs das freie Belieben bei der Ausgestaltung von Beweislastumkehrungen. Denn der

---

425 BVerfGE 49, S. 89, siehe hierzu oben im zweiten Teil Abschnitt B II. 1. e).

Überblick über die Rechtsprechung des Bundesverfassungsgerichts hat auch gezeigt, daß die Verteilung der Beweislast verfassungsrechtlich determiniert ist. Von Bedeutung sind hier neben den Grundrechten insbesondere Aspekte des Rechtsstaatsprinzips, zumal in seinen Ausprägungen als Gebot des fairen Verfahrens und der Waffengleichheit im Prozeß, sowie allgemein der Grundsatz der Verhältnismäßigkeit. Dies gilt es zu beachten, wenn im dritten Teil der Arbeit Möglichkeiten einer Beweislastumkehr zu Lasten des Bürgers bei staatlichen Eingriffen auf dem Bereich des technischen Sicherheitsrechts untersucht werden.

Dritter Teil:

Einzeluntersuchungen

In den ersten beiden Teilen der Arbeit konnten allgemeine Grundsätze für die Beweislastverteilung im Verwaltungsrecht - auch unter Berücksichtigung der Besonderheiten und Schwierigkeiten, die sich bei einer rechtlichen Beurteilung von Technologie ergeben - gefunden werden. Erste Ansatzpunkte für deren Beeinflussung durch den Gesetzgeber im Verwaltungsrecht wurden bereits aufgezeigt. Damit ist es nun möglich, auf einzelne, besonders relevante Vorschriften des technischen Sicherheitsrechts, soweit sie dem Umweltrecht zuzuordnen sind, einzugehen. Dabei sind nach der Problemstellung der Arbeit besonders solche Vorschriften von Interesse, die staatliche Eingriffskompetenzen regeln. Auf drei Beispiele aus diesem Bereich beschränkt sich die folgende Untersuchung.

Innerhalb der jeweils untersuchten Vorschrift wird zunächst festgestellt, wie die Verteilung der Beweislast nach dem heutigen Stand in der gerichtlichen Praxis gehandhabt wird bzw. wie angesichts der geltenden Grundsätze der Beweislastverteilung im Falle eines non liquet zu verfahren wäre.

Anschließend wird eine Um- bzw. Neuformulierung der Vorschrift vorgeschlagen, die zunächst daraufhin untersucht wird, ob sich durch sie die gewünschte Wirkung erzielen ließe. Denn das Ziel der Veränderungen soll es sein, die Beweislast insoweit zu verlagern, daß sich Unsicherheiten hinsichtlich der Gefahren von Technologie zu Lasten des Nutzers bzw. Betreibers der jeweiligen Technologien auswirken, die Beweislast also auf ihn abgewälzt und die Behörde entlastet werde. Die so gefundenen Varianten werden schließlich einer umfassenden verfassungsrechtlichen Prüfung unterzogen.

A. Immissionsschutzrecht

Zweck des Bundes-Immissionsschutzgesetzes ist es gemäß § 1 BImSchG, Schutz vor schädlichen Umwelteinwirkungen und vor Gefahren, erheblichen Nachteilen und Belästigungen durch genehmigungsbedürftige Anlagen zu gewähren und dem Entstehen schädlicher Umwelteinwirkungen vorzubeugen. Neben der Gefahrenabwehr dient das Gesetz also auch der Vorsorge, unabhängig vom Vorliegen einer konkreten Gefahr[426]. Dem Vorsorgeprinzip wird im gesamten Umweltrecht zentrale Bedeutung beigemessen[427], mit der

---

426 *Jarass*, BImSchG, § 1 Rn. 8.
427 Vgl. *Kloepfer*, Umweltrecht, § 4 Rn. 5ff.

Umsetzung der europäischen Richtlinie über die integrierte Vermeidung und Verminderung der Umweltverschmutzung (sog. IVU-Richtlinie)[428] ist zu erwarten, daß dieses Prinzip auch in § 1 BImSchG noch deutlicher hervorgehoben wird[429]. Das verwaltungsrechtliche Instrumentarium zur Erreichung dieser Zwecke, das dieses Gesetz vorsieht, besteht in erster Linie aus der Festschreibung von Genehmigungspflichten und der Zulassung von Nebenbestimmungen sowie der Untersagung und der Anordnung von Stillegung und Beseitigung von Anlagen[430].

Die Genehmigungspflicht für Anlagen im Sinne des Bundes-Immissionsschutzgesetzes wird in § 4 Abs. 1 Satz 1 BImSchG festgeschrieben. Die Voraussetzungen der Erteilung einer solchen Genehmigung finden sich in § 6 BImSchG. Der Formulierung, daß die Genehmigung *zu erteilen ist, wenn* u.a. die Betreiberpflichten aus § 5 BImSchG erfüllt sind, kann entnommen werden, daß es sich hierbei um eine für die Verwaltung bindende Vorschrift ohne Ermessensspielraum handelt. Der Antragsteller hat bei Vorliegen der Genehmigungsvoraussetzungen einen Rechtsanspruch auf die Genehmigung[431]. Bei der immissionsschutzrechtlichen Genehmigungspflicht handelt es sich um ein präventives Verbot mit Erlaubnisvorbehalt[432]: Der Staat will vor der Errichtung von entsprechenden Anlagen nur prüfen, ob diese mit den gesetzlichen Vorschriften in Einklang stehen und ggf. eine „Unbedenklichkeitsbescheinigung" ausstellen. Die Errichtung soll also nicht grundsätzlich verboten und nur im Ausnahmefall genehmigt werden.

Beweisschwierigkeiten können im immissionsschutzrechtlichen Genehmigungsverfahren einerseits hinsichtlich der Genehmigungsbedürftigkeit und andererseits hinsichtlich der Erfüllung der Genehmigungsvoraussetzungen auftreten. Eine Genehmigungspflicht besteht nach § 4 Abs. 1 Satz 1 BImSchG für Anlagen, „die aufgrund ihrer Beschaffenheit oder ihres Betriebes in besonderem Maße geeignet sind, schädliche Umwelteinwirkungen hervorzurufen oder in anderer Weise die Allgemeinheit oder die Nachbarschaft zu gefährden, erheblich zu benachteiligen oder erheblich zu belästigen (...)." Schwierigkeiten in der Abgrenzung zwischen einer genehmigungsbedürftigen und einer nicht genehmigungsbedürftigen Anlage dürften jedoch durch die 4. BImSchV, in welcher gemäß § 4 Abs. 4 Satz 3 BImSchG der Kreis der genehmigungsbedürftigen Anlagen festgelegt wird, praktisch ausgeschlossen

---

428 Veröffentlicht in ABlEG 1996 Nr. L 257, S. 26.
429 Vgl. *Dolde* NVwZ 97, S. 313ff.
430 Vgl. allgemein zu den Instrumenten des öffentlichen Umweltrechts *Ketteler/Kippels*, Umweltrecht, S. 84ff.
431 *Ule/Laubinger - Dörr*, BImSchG, § 4 Rn. B4.
432 *Jarass*, BImSchG, § 4 Rn. 33; *Maurer*, Allgemeines Verwaltungsrecht, § 9 Rn. 51

sein[433].

Wird über das Vorliegen der Genehmigungsvoraussetzungen gestritten und stellt das Gericht diesbezüglich ein non liquet fest, so ergibt sich nach der beweislastrechtlichen Grundregel folgendes: Der Antragsteller beruft sich auf das Vorliegen der Voraussetzungen, die den Tatbestand einer ihm günstigen Norm (§ 6 i.V.m. § 5 BImSchG) bilden. Bleibt das Vorliegen der Voraussetzungen im Unklaren, muß die materielle Beweislast den Antragsteller treffen[434]. Damit steht die nach der Grundregel vorzunehmende Beweislastverteilung auch im Einklang mit dem Wortlaut, der eine Erteilung nur zuläßt, wenn *sichergestellt* ist, daß die Voraussetzungen hierfür gegeben sind.

Beispiel 1: Nachträgliche Anordnung, § 17 Abs. 1 Satz 2 BImSchG

Ein dem allgemeinen Verwaltungsrecht regelmäßig unzulässiges Instrument, Verwaltungsakte abzuändern, stellt § 17 BImSchG dar, der es der Behörde erlaubt, nachträgliche Anordnungen gegenüber dem Betreiber einer Anlage zu erlassen, auch ohne daß es bei Genehmigungserteilung einen entsprechenden Auflagenvorbehalt gegeben hat[435]. Eine solche nachträgliche Anordnung kann nach § 17 Abs. 1 Satz 1 BImSchG zur Erfüllung der sich aus diesem Gesetz ergebenden Pflichten bzw. soll nach § 17 Abs. 1 Satz 2 BImSchG zum ausreichenden Schutz der Allgemeinheit oder der Nachbarschaft vor schädlichen Umwelteinwirkungen oder sonstigen Gefahren, erheblichen Nachteilen oder erheblichen Belästigungen getroffen werden. Damit soll dem Umstand Rechnung getragen werden, daß wechselnde Umweltbedingungen, fortschreitende technische Entwicklungen und auch neue wissenschaftliche Erkenntnisse eine Festschreibung der Betreiberpflichten auf den Zeitpunkt der Genehmigungserteilung verbieten und die dauerhafte Erfüllung dieser Pflichten notwendig machen[436].

Während nachträgliche Anordnungen gemäß § 17 Abs. 1 Satz 1 BImSchG wegen der Bezugnahme auf die Genehmigungsvoraussetzungen und die Betreiberpflichten, insbesondere aus § 5 BImSchG, bereits den Bereich der Gefahrenvorsorge mit umfassen[437], betrifft § 17 Abs. 1 Satz 2 BImSchG seinem

---

433 *Kloepfer*, Umweltrecht, § 14 Rn. 60.
434 *Nagler*, Dogmatische Strukturen der Beweislast im Öffentlichen Recht, S. 346f., *v. Holleben*, GewArch 1977, S. 45 (46); *Th. Berg*, Beweismaß und Beweislast im öffentlichen Umweltrecht, S. 139.
435 *Kloepfer*, Umweltrecht, § 14 Rn. 113f.
436 *Jarass*, DVBl. 1985, S. 193ff.; *Petersen*, Schutz und Vorsorge, S. 30.
437 Siehe als Beleg hierfür § 17 Abs. 3 BImSchG, in dem davon ausgegangen wird, daß

geltenden Wortlaut nach nur den Bereich der Gefahrenabwehr[438]. Diese Vorschrift ist im hier untersuchten Zusammenhang aus diesem Grunde interessanter, denn es stellt sich die Frage, wie weit durch eine Beweislastumkehr der Bereich der Risikovorsorge ausgeweitet werden darf und ob dies im Zusammenhang mit einer gesetzgeberischen Beweislastumkehr überhaupt zulässig ist. Aus diesem Grund wurde § 17 Abs. 1 Satz 2 BImSchG als Beispiel für eine nähere Untersuchung ausgewählt.

1. Verteilung der Beweislast bei der nachträglichen Anordnung

Streiten Behörden und Betreiber über das Vorliegen der tatsächlichen Voraussetzungen einer solchen nachträglichen Anordnung und läßt sich dieses im Wege der Amtsermittlung nicht aufklären, so ist nach den Regeln der materiellen Beweislast zu entscheiden. Die Behörde beruft sich auf ihr Recht aus § 17 Abs. 1 Satz 2 BImSchG, eine nachträgliche Anordnung zu erteilen. Im Sinne der Grundregel ist es ihr günstig, wenn die Befugnis zur Erteilung besteht, nach ihr muß also sie unterliegen, wenn sich die tatsächlichen Voraussetzungen nicht beweisen lassen[439]. Dieses Ergebnis wird gestützt durch den Wortlaut der Vorschrift: Nach § 17 Abs. 1 Satz 2 BImSchG sollen nachträgliche Anordnungen getroffen werden, wenn die hierzu notwendigen Voraussetzungen *festgestellt* werden.

Ansatzpunkte für weitere materielle Erwägungen genereller Art, die hier ein Abgehen von der beweislastrechtlichen Grundregel rechtfertigen würden, sind nicht gegeben. Insbesondere kann auch ein Vergleich der Interessenlagen bei Erteilung der immissionsschutzrechtlichen Genehmigung und beim Treffen nachträglicher Anordnungen nicht weiter helfen[440]. Denn die schlichte Feststellung, daß es in beiden Situationen um den Schutz höchstrangiger Rechtsgüter vor möglichen Gefährdungen geht[441], ist ebenso banal wie nichtssagend. Im Grunde sind Behörden immer dem Allgemeinwohl und damit höchstrangigen Rechtsgütern verpflichtet und Private, etwa Inhaber immissionsschutzrechtlicher Genehmigungen, stehen demgegenüber stets im

---

nach dieser Vorschrift auch nachträgliche Anordnungen zur Sicherstellung der Anforderungen aus § 5 Abs. 1 Nr. 2 BImSchG (Vorsorge gegen schädliche Umwelteinwirkungen) getroffen werden können.
438 *Kloepfer*, Umweltrecht, § 14 Rn. 120.
439 So auch *Feldhaus*, Bundesimmissionsschutzrecht, § 17 BImSchG Anm. 19; *Schmalz/Nöthlichs*, Immissionsschutz, § 17 Nr. 3; *Peschau*, Die Beweislast im Verwaltungsrecht, S. 150.
440 So allerdings - wenig überzeugend - *Th. Berg*, Beweismaß und Beweislast im öffentlichen Umweltrecht, S. 142.
441 *Th. Berg*, Beweismaß und Beweislast im öffentlichen Umweltrecht, S. 142.

Verdacht, nur „an sich selbst" zu denken. Wenn man dies voraussetzt und dem Bestandsschutz demgegenüber keinerlei nennenswerte Bedeutung mehr zukommen lassen will[442], würde dies zwingend zu dem Ergebnis führen, daß die Beweislast im Falle ungeklärter Sachverhalte stets bei dem Bürger und nie bei der Behörde zu liegen hat.

2. Wortlaut und Wirksamkeit einer gesetzgeberischen Beweislastumkehr

Eine Umkehr der Beweislast in § 17 Abs. 1 Satz 2 BImSchG würde allerdings durch eine Neuformulierung des Wortlauts in folgender Weise zu erreichen sein:

> „Kann der Betreiber einer Anlage nach Erteilung der Genehmigung sowie nach einer nach § 15 Abs. 1 angezeigten Änderung nicht nachweisen, daß die Allgemeinheit oder die Nachbarschaft ausreichend vor schädlichen Umwelteinwirkungen oder sonstigen Gefahren, erheblichen Nachteilen oder erheblichen Belästigungen geschützt ist, soll die zuständige Behörde nachträgliche Anordnungen treffen."

Das Fehlen eines Nachweises würde mit dieser Formulierung zur Tatbestandsvoraussetzung eines behördlichen Eingreifens gemacht. Dies würde im Rahmen einer gerichtlichen Auseinandersetzung über eine nachträgliche Anordnung bedeuten, daß nur bei richterlicher Überzeugung von dem ausreichenden Schutz keine entsprechende Anordnung getroffen werden durfte, jegliche Zweifel müßten zu Lasten des Betreibers gehen, ihn träfe die materielle Beweislast. Von einer Wirksamkeit in der gewünschten Richtung kann bei der vorgeschlagenen Gesetzesänderung also ausgegangen werden.

3. Verfassungsrechtliche Zulässigkeit

Es stellt sich jedoch die Frage, ob ein derartiges Vorhaben auch im Lichte der Verfassung zulässig wäre. Wie sich gezeigt hat, ist der Gesetzgeber an alle Vorschriften des Grundgesetzes gebunden, die einzelnen für eine verfassungsrechtliche Prüfung relevanten Bereiche wurden bereits umrissen[443].

a. Potentiell durch den Eingriff betroffene Rechtspositionen

Mit einer nachträglichen Anordnung gemäß § 17 Abs. 1 Satz 2 BImSchG

---

442 So *Th. Berg*, Beweismaß und Beweislast im öffentlichen Umweltrecht, S. 149ff.
443 Siehe oben im zweiten Teil Abschnitt B II. 2.

verlangt die anordnende Behörde in der Regel eine Veränderung an der Anlage selber oder ihres Betriebs bzw. dessen Organisation[444], es wird auf den laufenden Anlagenbetrieb eingewirkt. Eine solche Anordnung stellt gegenüber dem Betreiber einer Anlage eine Belästigung und somit Beeinträchtigung seiner Freiheit dar. Unproblematisch ist daher davon auszugehen, daß in die allgemeine Handlungsfreiheit gemäß Art. 2 Abs. 1 GG eingegriffen wird, möglicherweise wird dieses jedoch durch die spezielleren Grundrechte der wirtschaftlichen Betätigung gemäß Art. 12 und 14 GG überlagert.

Nach der Rechtsprechung des Bundesverfassungsgerichtes fällt das mit der Genehmigung erteilte subjektive öffentliche Recht des Betreibers auf den Betrieb einer Anlage in den Bereich der Eigentumsgarantie der Art. 14 GG, soweit von der Genehmigung tatsächlich Gebrauch gemacht wurde[445]. Zusätzlich ist im Zusammenhang mit nachträglichen Anordnungen auf das Institut des Bestandsschutzes einzugehen, welches seinen Ursprung in der Rechtsprechung des Bundesverwaltungsgerichtes zu Art. 14 Abs. 1 GG hat[446]. Es läßt sich wie folgt auf den Punkt bringen: Bestandsschutz ist eine Rechtsposition, die aus einer materiell legalen Eigentumsposition heraus geschaffen wurde. Auch wenn diese mittlerweile durch eine Veränderung der Rechtslage materiell illegal geworden ist, kann sie sich, gestützt auf Art. 14 GG, begrenzt behaupten und gegen das ihr inzwischen entgegenstehende Gesetzesrecht durchsetzen[447].

Grundsätzlich schützt das Grundrecht aus Art. 14 Abs. 1 GG neben dem Bestand auch die Nutzung des Eigentums, so daß der Eigentümer dieses nicht nur behalten, sondern auch verwenden, veräußern und verbrauchen darf[448]. Jedoch hat der Gesetzgeber nach Art. 14 Abs. 1 Satz 2 GG die Befugnis, die Weite des Schutzbereichs der Eigentumsfreiheit durch Bestimmung der Rechte und Pflichten der Eigentümer zu definieren. Insofern käme hier eine Ausgrenzung des Rechts zum Betrieb einer Anlage aus dem Schutzbereich des Art. 14 Abs. 1 Satz 1 in Betracht. Bei dieser Inhaltsbestimmung ist der Gesetzgeber zunächst an die Institutsgarantie des Art. 14 Abs. 1 Satz 1 GG gebunden. Sie verlangt, daß ein eigentumsbestimmendes Gesetz einen Grundbestand von Normen sichert, die ein Rechtsinstitut ausformen, das den Namen Eigentum noch

---

444 *Pütz/Buchholz*, Anzeige- und Genehmigungsverfahren nach dem Bundes-Immissionsschutzgesetz, S. 143.
445 BVerfGE 58, S. 300 (348ff.).
446 BVerwGE 50, S. 49 (55ff.); 36, S. 296 (300f.); 25, S. 161 (162f.), vergleiche insgesamt zum Institut des Bestandsschutzes *Kutschera*, Bestandsschutz im öffentlichen Recht, S. 20ff.
447 *Weyreuther*, Bauen im Außenbereich, S. 101.
448 BVerfGE 51, S. 1 (30); 61, S. 82 (108).

verdient[449]. Dagegen bestehen auch angesichts einer gesetzgeberischen Beweislastumkehr der vorgeschlagenen Art keine Bedenken. Jedoch muß die Inhalts- und Schrankenbestimmung ihrerseits auch dem Grundsatz der Verhältnismäßigkeit genügen[450].

Durch die vorgeschlagene Änderung der Beweislast bei der nachträglichen Anordnung gemäß § 17 Abs. 1 BImSchG könnte darüber hinaus das Grundrecht der Betreiber aus Art. 12 Abs. 1 GG betroffen sein. Es ist nicht erkennbar, daß damit direkt in die Berufsausübung oder in die Berufswahl eingegriffen würde. Jedoch kann ein Eingriff in den Schutzbereich der Berufsfreiheit auch dann vorliegen, wenn berufsneutrale Regelungen sich unmittelbar auf die berufliche Tätigkeit auswirken oder von einiger Intensität sind[451]. Eine nachträgliche Anordnung, mit der in die bestehende Anlage gegebenenfalls tiefgreifend eingegriffen würde, kann sich für den Betreiber unmittelbar auf die berufliche Tätigkeit auswirken. Ein solcher Eingriff ist angesichts von Art. 12 Abs. 1 Satz 2 GG, um verfassungsrechtlich gerechtfertigt werden zu können, nur durch oder aufgrund eines Gesetzes zulässig[452]. Eine gesetzliche Regelung liegt in dem Vorschlag vor, diese müßte sich jedoch auch vor dem Grundrecht der Berufsfreiheit der Betreiber als verhältnismäßig erweisen.

Auf der anderen Seite stehen Schutzpflichten des Staates gegenüber den im Einwirkungsbereich einer Anlage stehenden Nachbarn. Die Legislative hat die Aufgabe, sich schützend und fördernd vor ihre in Art. 2 Abs. 2 GG genannten Rechtsgüter zu stellen und sie vor rechtswidrigen Beeinträchtigungen durch Dritte (Betreiber) zu bewahren[453]. Sie hat die hierfür geeigneten verwaltungsrechtlichen Vorschriften des Umweltrechts zu schaffen[454].

b. Verfassungsrechtliche Rechtfertigung

Verfassungsrechtlich unproblematisch ist die Ermächtigung des § 17 Abs. 1 BImSchG zur nachträglichen Anordnung, sofern sie der Abwehr echter Gefahren dient[455]. Daher ist die *geltende* Regelung auch mit dem Grundgesetz

---

449 BVerfGE 24, S. 367 (389); *Pieroth/Schlink*, Grundrechte, Staatsrecht II, Rn. 1023.
450 *Pieroth/Schlink*, Grundrechte, Staatsrecht II, Rn. 996ff.
451 BVerfGE 13, S. 181 (185f); 47, S. 1 (21); *Jarass/Pieroth*, GG, Art. 12 Rn. 12; *Pieroth/Schlink*, Staatsrecht, Rn. 889; *Schmidt-Bleibtreu/Klein*, GG, Art. 12 Rn. 1; *Sachs - Tettinger*, GG, Art. 12 Rn. 72..
452 BVerfGE 94, S. 269 (277).
453 *Reinhardt*, Verfassungsrechtliche Rahmenbedingungen für die behördliche Kontrolle von Anlagenbetreibern im Immissionsschutzrecht, in: FS Feldhaus, S. 121ff. (127f.).
454 BVerfGE 49, S. 89 (140ff.); 56, S. 54, 73 (78ff.).
455 *Maunz/Dürig - Papier*, GG, Art. 14 Rn. 112; *Kloepfer*, Umweltrecht, § 14 Rn. 120.

vereinbar. Wie bereits festgestellt wurde, bedeutet die vorgeschlagene Änderung der Beweislast jedoch, daß der Bereich der Risikovorsorge mit dieser Vorschrift ausgeweitet wird.

Ist eine Auflage dem Vorsorgebereich zuzurechnen, soll durch sie also gewährt werden, daß der nach dem Stand der Technik jeweils bestmögliche Schutz gegen schädliche Einwirkungen auf die in der Vorschrift genannten Schutzgüter getroffen wird, so fordert die Verfassung und der in Art 14 GG gewährte Schutz des Eigentums eine strenge Verhältnismäßigkeit der getroffenen Anordnung[456]. Dieses Erfordernis wird durch § 17 Abs. 2 BImSchG im übrigen ausdrücklich bestätigt. Zudem stellt sich grundsätzlich die Frage, ob in dieser Vorschrift, die den zuständigen Behörden die Ermächtigung zu mitunter weitreichenden Eingriffen in die Rechte des Einzelnen erteilt, die Beweislast zu Lasten der Betreiber umgekehrt werden darf.

Im Zusammenhang mit der Feststellung, daß durch eine Beweislastumkehr in § 17 Abs. 1 Satz 2 BImSchG der Bereich der Risikovorsorge ausgeweitet würde, ist für die Beurteilung der Verhältnismäßigkeit eines solchen Vorhabens eine Betrachtung von § 17 Abs. 3 BImSchG aufschlußreich. Darin wird die Möglichkeit zum Erlaß nachträglicher Anordnungen beschränkt auf die Anforderungen, die ggf. erlassene Rechtsverordnungen abschließend geregelt haben. Diese in der Praxis wenig bedeutsame Vorschrift[457] kann jedoch als zusätzliches Anzeichen dafür verstanden werden, daß für die Vorsorge gegen fernerliegende Risiken strengere Maßstäbe gelten müssen, insbesondere etwa, daß sie einem einheitlichen Konzept folgen und langfristig angelegt sein muß[458]. Der Grund dafür liegt im Verhältnismäßigkeitsgebot[459] bzw. im rechtsstaatlichen Bestimmtheitsgebot[460]. Legt der Gesetzgeber fest, daß es sich stets zu Lasten des Betreibers auswirken muß, wenn sich das Nichtvorliegen von Gefahren nicht nachweisen läßt, so kann darin ohne weiteres ein einheitliches, langfristiges Konzept der Risikovorsorge gesehen werden: Sämtliche Risiken sollen stets ausgeschlossen sein. Daß ein solches Verständnis von staatlicher Risikovorsorge zulässig sei, wird in der Literatur überwiegend bestritten[461]. In der Rechtsprechung wird ebenfalls davon ausgegangen, daß es nicht möglich sei, mit absoluter Sicherheit Grundrechtsgefährdungen von Dritten durch die Risiken

---

456 *Maunz/Dürig - Papier*, GG, Art. 14 Rn. 113.
457 Es sind entsprechende abschließende Rechtsverordnungen bis dato in keinem Bereich erlassen worden, vgl. hierzu *Hansmann*, Bundes-Immissionsschutzgesetz, Einf. Nr. 5.71.
458 Vgl. BVerwGE 69, S. 37 (45).
459 BVerwGE 69, S. 37 (45).
460 *Jarass*, BImSchG, § 5 Rn. 65.
461 Vgl. nur etwa *Kloepfer*, Umweltrecht, § 3 Rn. 17; *Roßnagel*, UPR 1986, S. 46 (47).

der Technik gänzlich auszuschließen. Dies „hieße die Grenzen menschlichen Erkenntnisvermögens verkennen und würde weithin jede staatliche Zulassung der Nutzung von Technik verbannen"[462]. Ungewißheiten seien unentrinnbar und als sozialadäquat hinzunehmen. Schon aus diesem Grunde ist die verfassungsrechtliche Zulässigkeit der vorgeschlagenen Norm ausgesprochen zweifelhaft. Zwar werden die zuständigen Behörden durch sie nicht zum nachträglichen Verbot des Betriebes ermächtigt, sondern nur zum Erlaß von Anordnungen hinsichtlich des Produktionsablaufes, der Betriebsorganisation usw. Es wäre damit also nicht *jede* Zulassung und Nutzung von Technik gefährdet. Jedoch läßt sich erkennen, daß eine Vorschrift zumindest bedenklich ist, die die mit der Nutzung von Technik verbundenen auch fernerliegenden Risiken allein dem Betreiber zum Nachteil gereichen lassen würde, wie es hier der Fall wäre.

Es stellt sich weiterhin die Frage nach der Verhältnismäßigkeit der Norm insgesamt angesichts der mit ihr verfolgten Ziele und der durch sie möglicherweise verletzten Rechtspositionen bei den Normadressaten. Der Grundsatz der Verhältnismäßigkeit wird auch als Übermaßverbot bezeichnet[463]. Er besagt, vereinfacht gesprochen, daß „mit Kanonen nicht auf Spatzen geschossen" werden darf[464]. Ist es damit zu vereinbaren, wenn durch das Gesetz der Behörde nicht nur dann die Möglichkeit zum Erlaß nachträglicher Anordnungen eingeräumt wird, wenn dies erwiesenermaßen der Gefahrenabwehr dient, sondern auch dann, wenn weder Gefahren noch Risiken sicher festgestellt werden konnten, der Nachweis des ausreichenden Schutzes vor Gefahren und der ausreichenden Risikovorsorge aber auch nicht erbracht werden kann?

Es geht hier um die Verhältnismäßigkeit einer Gesetzesänderung, Maßstab für die Prüfung ist also bei einer Anwendung der geänderten Vorschrift der durch die Änderung betroffene Bereich. Bereits in den allgemeinen Ausführungen im zweiten Teil der Arbeit wurde festgestellt, wie sich die vorgeschlagene Beweislastumkehr tatsächlich auswirken würde: eine Entscheidung nach der Beweislast ist potentielles Unrecht. Wird die Beweislast zu Lasten des Bürgers umgekehrt, hätte der Betroffene den Eingriff nicht mehr nur dann zu erdulden, wenn die materiellen Voraussetzungen dafür sicher feststehen, sondern auch dann, wenn sich weder das Vorliegen noch das Nichtvorliegen dieser materiellen Voraussetzungen sicher feststellen ließe. Er muß sich potentiellem Unrecht beugen. Die entscheidende Frage im Rahmen der verfassungsrechtlichen Rechtfertigung ist also, ob und warum es dem Einzelnen

---

462 BVerfGE 49, S. 89 (90, 6. Leitsatz).
463 z .B. *Battis/Gusy*, Staatsrecht, S. 308f.
464 *Maurer*, Staatsrecht, § 8 Rn. 57.

zuzumuten ist, dieses Sonderopfer der Ertragung potentiellen Unrechts hinzunehmen.

Zur Kontrolle der Verhältnismäßigkeit ist zunächst danach zu fragen, ob die beabsichtigte Gesetzesänderung einem legitimen Zweck dient. Dabei kommt grundsätzlich jedes vernünftige Interesse der Allgemeinheit in Betracht[465]. Es kann ohne weiteres ein legitimes Allgemeininteresse und damit ein erlaubter Zweck darin erblickt werden, Unsicherheiten über die Voraussetzungen einer nachträglichen Anordnung auf den Anlagenbetreiber abzuwälzen. Auch das Erfordernis der Geeignetheit, welches danach fragt, ob mit Hilfe des eingesetzten Mittels der erstrebte Zweck gefördert werden kann[466], ist bei der vorgeschlagenen Änderung ohne weiteres als erfüllt anzusehen.

Ob eine Maßnahme erforderlich ist, hängt davon ab, daß es kein milderes Mittel gibt, das den gleichen Erfolg mit gleicher Sicherheit bei vergleichbarem Aufwand herbeiführen könnte[467]. Setzt man als Zweck das Bestreben des Gesetzgebers voraus, eine verbindliche Regelung zu Lasten des Betreibers zu formulieren, die ein staatliches Eingreifen auch beim Verbleiben von Unsicherheiten im Tatsächlichen erlaubt, so ist zunächst kein ebenso wirksames, aber weniger belastendes Mittel greifbar.

Jedoch verdienen im Zusammenhang mit der Erforderlichkeit zwei Aspekte Beachtung: Zum einen könnte, statt einer Beweislastumkehr der vorgeschlagenen Art, auch lediglich das Beweismaß herabgesenkt werden. Fraglich ist dann allerdings, ob dies einerseits ebenso effektiv die Zielerreichung gewährleisten würde, und andererseits, ob es zugleich tatsächlich weniger einschneidend für den betroffenen Bürger wäre. Denn die Untersuchungen des ersten Teils haben verdeutlicht, wie Beweismaß und Beweislast sich auf den Prozeß auswirken, und insbesondere hat sich gezeigt, daß sie sich gegenseitig beeinflussen und bedingen[468]. Wollte man durch eine Veränderung des Beweismaßes eine ebenso wirksame Abwälzung des Risikos von Unsicherheiten auf den Betreiber erreichen, so müßte man es so weit herabsenken, daß schon geringste Zweifel des Richters am sicheren Schutz der Allgemeinheit vor den mit der Technologie verbundenen Gefahren und Risiken ausreichen würden. Es läßt sich nicht erkennen, daß eine solche Maßnahme für den Betreiber ein „milderes Mittel" wäre. Denn im Ergebnis würde dies die gleichen Resultate hervorbringen, wie die vorgeschlagene Änderung - schon der geringste Verdacht einer Gefahr würde sich zu Lasten des Betreibers auswirken.

---

465 BVerfGE 38, S. 348 (368).
466 BVerfGE 30, S. 292 (316).
467 BVerfGE 38, S. 281 (302); *Maurer*, Staatsrecht, § 8 Rn. 57.
468 Siehe dazu im ersten Teil Abschnitt A I.

Insofern scheidet diese Alternative aus, sie ist nicht schonender für den Betreiber.

Allerdings könnte man überlegen, ob nicht alles so bleiben könne, wie es ist. Wie sich gezeigt hat, wird die Beweislastverteilung durch das materielle Recht bedingt. Erwägungen des Richters, der die hinter dem materiellen Hauptrechtssatz stehenden Intentionen zu berücksichtigen hat, können dazu führen, daß trotz der grundsätzlich der anordnenden Behörde obliegenden Beweislast im Einzelfall, wenn die Umstände dies gebieten, von der Grundregel abgewichen und dem Betreiber die materielle Beweislast auferlegt wird. Das würde jedoch zu Unsicherheiten führen, die auch diese Alternative letztlich als untauglich erscheinen lassen. Denn die verfassungsrechtlich garantierte Unabhängigkeit der Richter (Art. 97 Abs. 1 GG) und die Tatsache, daß die Rechtsprechung nur an Gesetz und Recht gebunden sind (Art. 20 Abs. 3 GG) zeigen, daß die einzige wirklich wirksame Möglichkeit für den Gesetzgeber, auf Entscheidungen der Gerichte einzuwirken, in der Schaffung von Rechtsnormen besteht. Wünsche und Vorstellungen des „Staates" muß die Rechtsprechung nicht berücksichtigen. Die gegenwärtige Praxis, nach der die Gerichte nur vereinzelt, wenn dies aus übergeordneten Gründen geboten erscheint, von der gängigen Beweislastverteilung abweichen, bietet keine Garantie dafür, daß der unterstellte Zweck auch mit einiger Sicherheit erreicht werden könnte, wenn alles so bliebe, wie es ist. Insgesamt kann also auch von der Erforderlichkeit einer Gesetzesänderung der vorgeschlagenen Art ausgegangen werden, ein weniger einschneidendes, aber ebenso wirksames Mittel ist nicht zu erkennen.

Ob die vorgeschlagene Änderung von § 17 Abs. 1 Satz 2 BImSchG jedoch wirklich zulässig wäre, hängt entscheidend davon ab, ob sie auch angemessen wäre. Dies setzt voraus, daß die durch die Änderung möglicherweise betroffenen Rechtsgüter der Betreiber in einer vernünftigen Relation zu dem angestrebten Erfolg stehen.

Wenn als angestrebter Erfolg bisher kurz die Abwälzung des Prozeßrisikos bei Unsicherheiten über die Tatbestandsvoraussetzungen nachträglicher Anordnungen genannt wurde, so ist an dieser Stelle eine nähere Betrachtung dessen notwendig, was damit im einzelnen tatsächlich verfolgt wird. Denn die hinter einer solchen Änderung stehende Absicht ist es, einen effektiveren Schutz auch vor fernerliegenden Risiken umweltrelevanter Technologien zu erreichen. Tatsächlich besteht bei Anlagen, die den Regelungen des Bundes-Immissionsschutzgesetzes unterstellt sind, immer die Möglichkeit, daß sie Risiken in sich bergen, die sich zwar zum gegenwärtigen Zeitpunkt noch nicht als Gefahr im Sinne des Gesetzes bemerkbar machen, die aber in Zukunft zu ganz erheblichen Gefahren werden und Verletzungen höchstrangiger

Rechtsgüter der Allgemeinheit mit sich bringen können. Die immissionsschutzrechtlichen nachträglichen Anordnungen dienen auch, wie ein Vergleich mit § 17 Abs. 1 Satz 1 BImSchG zeigt, der Fortschreibung der Betreiberpflichten[469]. Die Erfüllung dieser Pflichten soll nicht nur bei Genehmigungserteilung und Inbetriebnahme, sondern laufend sichergestellt werden. Nach § 5 Abs. 1 Nr. 2 BImSchG ist auch die Vorsorge gegen schädliche Umwelteinwirkungen eine Betreiberpflicht. Insofern ist auch der Bereich der Risikovorsorge für eine nachträgliche Anordnung im Sinne von § 17 Abs. 1 BImSchG maßgeblich, grundsätzlich müssen solche Anordnungen auch zur Risikovorsorge möglich sein. Schließlich billigt das Bundesverfassungsgericht es dem Gesetzgeber zu, das jeweils angestrebte Maß an Schutz auch für Risiken selbst zu definieren[470].

Allerdings ist die besondere Situation, die bei Erlaß der *nachträglichen* Anordnung besteht, auch bei der Kontrolle der Verhältnismäßigkeit zu berücksichtigen. Daß es sich dabei um ein behördliches Einwirken auf den laufenden Betrieb handelt, hat nicht nur zur Folge, daß der Betreiber ein subjektives öffentliches Recht auf den Betrieb der Anlage inne hat, welches von der Eigentumsgarantie Art. 14 Abs. GG geschützt ist[471]. Mit der bereits erteilten Genehmigung wurde im Rahmen der immissionsschutzrechtlichen Zulässigkeitsprüfung bereits einmal umfassend nach Gefahren und Risiken der Anlage gefragt. Die Behörde, ggf. das Gericht, war bei Genehmigungserteilung von der Erfüllung der Betreiberpflichten, von ausreichender Risikovorsorge wie auch von der Ungefährlichkeit der Anlage und der Technologie insgesamt überzeugt, andernfalls hätte die Entscheidung nicht auf die Genehmigungserteilung hinauslaufen können, denn der Betreiber trägt im Genehmigungsverfahren die materielle Beweislast.

Es kann sich bei der betroffenen Technologie insgesamt also kaum um etwas gänzlich Neues und bis dato Unbekanntes handeln. Wenn es so wäre, könnte die umgekehrte Beweislast sich unter verschiedenen Gesichtspunkten (Sachnähe, Forschungsversäumnisse o.ä.) möglicherweise rechtfertigen lassen[472]. Hier jedoch wurde die Technik bereits einmal zugelassen, etwas gänzlich Unbekanntes ist sie nicht mehr.

---

469 *Hansmann*, BImSchG, Einführung Nr. 5.71.
470 BVerfGE 49, S. 89 (90, 4. Leitsatz).
471 BVerfGE 58, S. 300 (348ff.).
472 Siehe dazu - im Zusammenhang mit der damals noch relativ unerforschten Mobilfunk-Technologie *Ramsauer*, Aktuelle Rechtsentwicklungen zu Risiken elektromagnetischer Strahlungen, in: UTR Band 42, 1988, S. 90f., *Determann*, Beweislastumkehr hinsichtlich der Gefährlichkeit neuer Technologien?, in: UTR-Jahrbuch 1997, S. 165ff. (172ff.)

Allein zur Erreichung einer verbesserten Risikovorsorge jedoch die Beweislastverteilung bei nachträglichen Auflagen umzukehren, erscheint angesichts der auf der Betreiberseite betroffenen Rechtspositionen ausgesprochen bedenklich. Nach der vorgeschlagenen Änderung von § 17 Abs. 1 Satz 2 BImSchG wäre es der zuständigen Behörde möglich, praktisch risikolos Anordnungen zu treffen. Denn der Umstand, daß jede Technologie Risiken in sich birgt, die - wenn sie auch noch so weit entfernt sein mögen - doch eine reale Möglichkeit bleiben[473], macht es praktisch unmöglich, Zweifel an der Sicherheit völlig zu zerstreuen und die feste Überzeugung vom Nichtvorliegen einer Gefahr zu gewinnen. Solange sich die unendlich vielen Spekulationen über Schädigungsmöglichkeiten nicht durch Beweis entkräften lassen, wäre nach der vorgeschlagenen Version des § 17 Abs. 1 Satz 2 BImSchG davon auszugehen, daß die Voraussetzungen für einen Eingriff gegeben sind[474]. In diesem Zusammenhang gewinnt das für die Beweislast-Grundregel geäußerte Argument, diese schütze den Rechtsfrieden[475], an Bedeutung. Es wäre der Behörde, trüge sie nicht die materielle Beweislast, schlicht zu einfach, in Rechte des Bürgers einzugreifen, denn es wäre ihr ohne weiteres möglich, nach Belieben Anordnungen zu treffen. Damit ließe sich für den Bereich des Immissionsschutzrechts im Ergebnis ein praktisch unbegrenztes Technikverbot einführen. Die Voraussetzungen für einen Eingriff müssen für die Gerichte nachprüfbar bleiben. Eine Vorschrift so zu fassen, daß die Voraussetzungen auch einen jederzeitigen Eingriff „ins Blaue hinein" erlauben, hieße, dieses Erfordernis jedoch in unzulässiger Weise zu umgehen.

Allerdings darf nicht aus dem Blick verloren werden, daß es sich hier um nachträgliche Auflagen handeln soll, nicht etwa um ein Verbot der entsprechenden Anlage. Aus diesem Grunde muß die vorgeschlagene Änderung von § 17 Abs. 1 Satz 2 BImSchG nicht zwingend am Grundsatz der Verhältnismäßigkeit scheitern. Der Begriff der Anordnung setzt voraus, daß die Anlage danach weiterbetrieben wird[476], die Betriebsmöglichkeit für den Anlagenbetreiber muß erhalten bleiben, deren Beseitigung ist grundsätzlich nur im Rahmen eines Widerrufs oder der Rücknahme der Genehmigung zulässig[477]. Deshalb liegt auch hinsichtlich der potentiell betroffenen Betreibergrundrechte bei der nachträglichen Anordnung ein Eingriff von minderer Schwere (etwa

---

473 So auch - allerdings mit anderer Schlußfolgerung - *Th. Berg*, Beweismaß und Beweislast im öffentlichen Umweltrecht, S. 142.
474 Vgl. hierzu auch *Determann*, Beweislastumkehr hinsichtlich der Gefährlichkeit neuer Technologien?, in: UTR-Jahrbuch 1997, S. 165ff. (174) sowie für den Bereich des Arzneimittelrechts *Di Fabio*, Risikoentscheidungen im Rechtsstaat, S. 203f. m.w.N
475 Siehe im ersten Teil Abschnitt A II. 2. d).
476 Vgl. *Jarass*, BImSchG, § 17 Rn. 21.
477 *Blech*, Die Verhältnismäßigkeit nachträglicher Anordnungen nach § 17 Bundes-Immissionsschutzgesetz, S. 35.

gegenüber einer Stillegungsanordnung) vor. Damit bleibt die Möglichkeit der - in § 17 Abs. 2 BImSchG ohnehin vorgesehenen - Verhältnismäßigkeitskontrolle der einzelnen Maßnahme. Neben den in § 17 Abs. 2 Satz 1 BImSchG genannten Abwägungskriterien wäre im Rahmen der Verhältnismäßigkeitskontrolle einer Maßnahme, die nach der Beweislast aufgrund eines non liquet angeordnet wird, von der Behörde bzw. vom erkennenden Gericht außerdem zu berücksichtigen, daß es sich dabei „lediglich" um eine Maßnahme der Risikovorsorge handelt und daß sie nur deshalb getroffen werden darf, weil sich die Ungefährlichkeit in diesem Fall nicht nachweisen ließ.

Trotz der grundlegenden Bedenken, die sich bei einer Beweislastumkehr in der Eingriffsnorm des § 17 Abs. 1 Satz 2 BImSchG ergeben, kann die vorgeschlagene Variante angesichts der Tatsache, daß es sich dabei lediglich um eine Ermächtigung zu Anordnungen und nicht zu Verboten handelt, insbesondere aber angesichts des Umstandes, daß eine umfassende Verhältnismäßigkeitskontrolle der einzelnen Maßnahme gewährleistet ist, noch davon ausgegangen werden, daß diese mit dem Grundsatz der Verhältnismäßigkeit zu vereinbaren ist.

4. Ergebnis

§ 17 Abs. 1 Satz 2 BImSchG bietet also durchaus die Möglichkeit, eine Beweislastverteilung in dieser Vorschrift zu Lasten des Betreibers einzuführen. Voraussetzung dafür ist es jedoch, daß die einzelne Anordnung jeweils einer strengen Verhältnismäßigkeitskontrolle unterworfen bleibt, wobei in die dabei notwendigen Abwägungen der Umstand mit einzubeziehen ist, daß es sich im Falle einer nachträglichen Anordnung aufgrund eines non liquet um eine Maßnahme der Risikovorsorge handelt.

Beispiel 2: Untersagung, § 25 Abs. 2 BImSchG

Mit dem zweiten Abschnitt des Bundes-Immissionsschutzgesetzes werden die Pflichten der Betreiber nicht genehmigungsbedürftiger Anlagen aufgestellt, Anforderungen für Errichtung und Betrieb festgelegt und den zuständigen Behörden Eingriffsmöglichkeiten zu deren Durchsetzung eröffnet. Ob eine nicht genehmigungsbedürftige Anlage im Sinne dieser Vorschriften vorliegt, bestimmt sich zunächst danach, ob es sich dabei um eine Anlage nach § 3 Abs. 5 BImSchG handelt und weiter, ob diese nicht zu dem Kreis der in der 4

BImSchV genannten genehmigungspflichtigen Anlagen gehört[478]. Die Untersagung nach § 25 Abs. 2 BImSchG kann sich sowohl auf den Betrieb einer Anlage als auch auf deren Errichtung beziehen, sie geht damit über die in Abs. 1 und 1a eröffneten Eingriffsmöglichkeiten hinaus, die auf Betriebs- bzw. Inbetriebnahme-Untersagung beschränkt sind[479]. Eine weitere Besonderheit an § 25 Abs. 2 BImSchG ist, daß es sich dabei um eine „Soll-Vorschrift" handelt, daß also das behördliche Ermessen bezüglich ihres Eingreifens bei vorliegenden Tatbestandsvoraussetzungen eingeschränkt ist und ein Absehen von der Untersagung dann nur in atypischen Fällen in Frage kommt[480]. Eine Untersagung der Errichtung oder des Betriebs ist eine Maßnahme von höchster Intensität, was im Rahmen der Verhältnismäßigkeit von Bedeutung ist.

1. Verteilung der Beweislast bei der Untersagung

Tatbestandliche Voraussetzung einer Untersagung nach § 25 Abs. 2 BImSchG ist neben dem Erfordernis, daß es sich um eine nicht genehmigungsbedürftige Anlage handeln muß, daß „die von der Anlage hervorgerufenen schädlichen Umwelteinwirkungen das Leben oder die Gesundheit von Menschen oder bedeutende Sachwerte gefährden". Bleibt das Vorliegen dieser Voraussetzungen im Unklaren und ist keine Aufklärung hierüber zu erreichen, so muß auch im Falle des § 25 Abs. 2 BImSchG mangels ausdrücklicher Beweislastnorm nach den Regeln der materiellen Beweislast entschieden werden. Das Bestehen der Eingriffsbefugnis ist der handelnden Behörde günstig im Sinne der beweislastrechtlichen Grundregel, sie beruft sich auf ihr Recht zur Untersagung. Aus diesem Grunde trägt sie die materielle Beweislast und muß unterliegen, wenn hinsichtlich des Vorliegens der Tatbestandsvoraussetzungen Unklarheiten verbleiben.

2. Wortlaut und Wirksamkeit einer gesetzgeberischen Beweislastumkehr

Die Umkehr der Beweislast in § 25 Abs. 2 BImSchG zu Lasten des Betreibers ließe sich durch eine Veränderung des Wortlauts in folgender Weise erreichen:

---

478 *Kloepfer*, Umweltrecht, § 14 Rn. 129.
479 *Landmann/Rohmer – Hansmann*, BImSchG § 25 Rn. 6.
480 BVerwGE 81, S. 197 (211f.), *Jarass*, BImSchG, § 25 Rn. 24; *Landmann/Rohmer – Hansmann*, BImSchG § 25 Rn. 29.

> *„Ist nicht auszuschließen, daß die von einer Anlage hervorgerufenen schädlichen Umwelteinwirkungen das Leben oder die Gesundheit von Menschen oder bedeutende Sachwerte gefährden, soll die zuständige Behörde die Errichtung oder den Betrieb der Anlage ganz oder teilweise untersagen, soweit die Allgemeinheit oder die Nachbarschaft nicht auf andere Weise ausreichend geschützt werden kann."*

Die Untersagung dürfte bei dieser Variante nur unterbleiben, wenn sich eine bedeutende Gefährdung sicher ausschließen ließe und der ausreichende Schutz auf andere Weise erreicht werden könnte. Jegliche Zweifel hinsichtlich der Gefährlichkeit müßten zu Lasten des Betreibers gehen, die vorgeschlagene Gesetzesänderung würde eine Umkehr der materiellen Beweislast bedeuten.

3. Verfassungsrechtliche Zulässigkeit

Auch die vorgeschlagene Änderung von § 25 Abs. 2 BImSchG müßte mit der Verfassung vereinbar sein. Das bedeutet insbesondere, daß sich die Beweislastumkehr angesichts des mit ihr verfolgten Zwecks als ein dem Grundsatz der Verhältnismäßigkeit genügendes Mittel darstellen müßte.

Ein erlaubter Zweck, welcher mit einer solchen Gesetzesänderung verfolgt werden könnte, wäre es, den für die Überwachung nicht genehmigungsbedürftiger Anlagen zuständigen Behörden auch in Zweifelsfällen Eingriffsmöglichkeiten gegen die Betreiber zu eröffnen und so auch hier den Bereich der Risikovorsorge zu erweitern. Die Vorsorge gegen Risiken unabhängig von konkreten Gefahren ist nicht nur ein erlaubter, sondern ein bereits in § 1 BImSchG festgelegter Zweck des Bundes-Immissionsschutzgesetzes, welcher nicht zuletzt seit dem Inkrafttreten EG-Richtlinie über die integrierte Vermeidung und Verminderung der Umweltverschmutzung (IVU-Richtlinie)[481] auch auf Gemeinschaftsebene eine größer werdende Bedeutung beigemessen wird[482]. Dagegen, daß die Neufassung von § 25 Abs. 2 BImSchG geeignet wäre, die Erreichung dieses Zweckes zu fördern, bestehen keinerlei Bedenken.

Um die Verhältnismäßigkeit zu bejahen, muß sich die Maßnahme auch als erforderlich erweisen, das heißt, es darf kein milderes Mittel denkbar sein, welches den gleichen Erfolg genauso sicher herbeiführen könnte[483]. Das

---

481 Veröffentlicht in ABlEG 1996 Nr. L 257, S. 26.
482 Zu der Bedeutung der IVU-Richtlinie für das deutsche Umweltrecht siehe *Dolde* NVwZ 97, S. 313ff.
483 BVerfGE 38, S. 281 (302).

Merkmal der Erforderlichkeit ist bereits im Wortlaut der Vorschrift selbst zu finden: Die Untersagung von Errichtung oder Betrieb soll nur erfolgen, soweit ein ausreichender Schutz nicht auf andere Weise erreicht werden kann. Die für den Vollzug der Vorschrift zuständige Behörde wird also im Einzelfall insbesondere zu prüfen haben, ob der erforderliche Schutz auch durch eine nachträgliche Anordnung gemäß § 24 Satz 1 BImSchG erreicht werden kann[484]. Insgesamt kann daher von der Erforderlichkeit auch des geänderten § 25 Abs. 2 BImSchG ausgegangen werden.

Die zur Erreichung des Zweckes geeignete und erforderliche Vorschrift muß jedoch auch ein angemessenes Mittel sein, darf also nicht außer Verhältnis zur Bedeutung der Sache stehen[485]. Es muß der durch die Änderung der Vorschrift zu erzielende Gewinn an Sicherheit für die Allgemeinheit die hiervon berührten grundrechtlich geschützten Positionen des Betreibers einer nicht genehmigungsbedürftigen Anlage überwiegen. Auf Seiten des Anlagenbetreibers sind, wie auch im Falle des § 17 Abs. 1 Satz 2 BImSchG, die Grundrechte aus Art. 12 Abs. 1 und 14 Abs. 1 GG zu nennen, denen staatliche Schutzpflichten gegenüberstehen.

Im Falle der Anwendung des geänderten § 25 Abs. 2 BImSchG wäre es allein der Ausschluß von Gefahren durch schädliche Umwelteinwirkungen für das Leben oder die Gesundheit von Menschen oder für bedeutende Sachwerte, der ein Nichteinschreiten der Behörden erlauben würde. Wann immer nicht festgestellt werden kann, daß eine Anlage ungefährlich ist, soll eine Untersagung erfolgen. Auf diese Weise ließe sich der bestmögliche Schutz vor Umweltschäden erreichen. Es wäre dann möglich, bereits unterhalb der Gefahrenschwelle auch im Bereich nicht genehmigungsbedürftiger Anlagen effektiv einzugreifen. Im Zweifelsfall obläge es dem Betreiber, der die materielle Beweislast zu tragen hätte, das Gericht von der Ungefährlichkeit seines Vorhabens zu überzeugen, indem er etwa entsprechende Gutachten oder Prüfberichte vorlegt.

Jedoch würde eine behördliche Maßnahme nach § 25 Abs. 2 BImSchG bei umgekehrter Beweislast den Bezug zur Gefahr weitgehend verlieren. Ob die durch diese Norm geschützten Rechtsgüter tatsächlich einer Gefährdung ausgesetzt sind, wäre für ein Einschreiten zunächst unerheblich. Die Untersagung könnte in einer Vielzahl von Fällen ohne weiteres erfolgen, die Grenze der Unzulässigkeit des Eingriffs würde zu Lasten der Betreiber deutlich enger gezogen und erst bei sicher feststellbarer Ungefährlichkeit der Anlage erreicht. Das Vorliegen von Gefahren wird sich aber in den seltensten Fällen

---

484 *Koch/Scheuing – Koch*, BImSchG, § 25 Rn. 35.
485 *Maurer*, Staatsrecht, § 8 Rn. 57.

überhaupt je sicher ausschließen lassen. Insofern würde der Betrieb nicht genehmigungsbedürftiger Anlagen und die darin liegende Ausübung der Grundrechte aus Art. 12 Abs. 1 und 14 Abs. 1 GG zur Ausnahme gemacht, die Untersagung müßte zur Regel werden. Eine solche Ausgestaltung des Rechts wäre jedoch mit der Grundkonzeption der Freiheitsrechte als objektive Wertentscheidung nicht zu vereinbaren[486].

Zudem leistete sie auch einer „Vorsorge ins Blaue hinein"[487] Vorschub. Eine Gefahr müßte nicht einmal mehr ernsthaft denkbar sein, weil ein solches Denken von den mit der Überwachung betrauten Behörden nicht verlangt würde. Es würde ausreichen, daß sie sich nicht ausschließen läßt. Die vom Bundesverfassungsgericht in der „Kalkar-Entscheidung"[488] für das Atomrecht aufgezeigten Grenzen staatlicher Schutzpflichten müssen auch für das Immissionsschutzrecht gelten. Sie sind dann überschritten, wenn der Staat versucht, Grundrechtsgefährdungen, die aus dem Betrieb technischer Anlagen möglicherweise entstehen können, mit absoluter Sicherheit auszuschließen, denn „das würde weithin jede staatliche Zulassung der Nutzung von Technik verbannen"[489].

Schließlich muß auch hier in Betracht gezogen werden, daß der durch die vorgeschlagene Änderung von § 25 Abs. 2 BImSchG zu erzielende Gewinn an Sicherheit höchst zweifelhaft ist, da nicht klar ist, ob durch eine Untersagung wirklich eine Gefahr abgewehrt oder auch nur ein nennenswertes Risiko gemindert wird. Insgesamt kann hiermit ein Eingriff dieser Intensität nicht gerechtfertigt werden. Die vorgeschlagene Änderung ist aus diesem Grunde mit dem Grundsatz der Verhältnismäßigkeit nicht zu vereinbaren und mithin verfassungsrechtlich nicht zulässig.

B. Atomrecht

Mit dem „Gesetz über die friedliche Verwendung der Kernenergie und den Schutz gegen ihre Gefahren" (Atomgesetz) werden laut § 1 AtG - von der Vermeidung der Gefährdung der äußeren und inneren Sicherheit Deutschlands sowie der Erfüllung internationaler Verpflichtungen abgesehen - vor allem zwei Zwecke verfolgt: Förderung der Erforschung, Entwicklung und Nutzung der Kernenergie zu friedlichen Zwecken („Förderzweck", Nr. 1) und Schutz von Leben, Gesundheit und Sachgütern vor den Gefahren der Kernenergie und der

---

486 Hierzu vergleiche bereits oben im zweiten Teil Abschnitt B II. 2. b. bb.
487 *Ossenbühl*, NVwZ 1986, S. 161 (164).
488 BVerfGE 49, S. 89ff.
489 BVerfGE 49, S. 89 (143).

schädlichen Wirkung ionisierender Strahlen nebst Ausgleich der hierdurch bereits eingetretenen Schäden („Schutzzweck", Nr. 2). Nach der Rechtsprechung[490] und der überwiegend in der Literatur vertretenen Ansicht[491] gebührt dem Schutzzweck der Vorrang vor dem Förderzweck. Die Koalitionsparteien SPD und Bündnis 90/DIE GRÜNEN hatten bereits für ihr sogenanntes „100-Tage-Programm" die Streichung des Förderzwecks vorgesehen und im Herbst 1998 in Kapitel IV des Koalitionsvertrages gleich an erster Stelle unter Punkt 3.2 vereinbart. Die Förderung der Kernenergie dürfte sich damit in Deutschland bis auf weiteres erledigt haben[492].

Der Zweck der Atomgesetzes wird - wie im Immissionsschutzrecht - durch die Einführung von Genehmigungspflichten sowie durch laufende Überwachung der Anlagen nebst der Möglichkeit zur Beschränkung und Beseitigung von Genehmigungen sowie die Möglichkeit zum Erlaß nachträglicher Anordnungen erreicht[493].

Die ursprünglichen Vorhaben der Bundesregierung auf dem Gebiet des Atomrechts, unter der Überschrift „Klarstellung der Beweislast" im Koalitionsvertrag fixiert, bildeten den Anstoß zu dieser Untersuchung. Die politische Wirklichkeit der seit der Regierungsübernahme inzwischen vergangenen gut eineinhalb Jahre hat von den einstigen, sehr weitgehenden Plänen nicht viel übriggelassen: Die im Koalitionsvertrag beschriebenen Änderungen des Atomgesetzes sollten von Verhandlungen mit Kernkraftwerksbetreibern über einen endgültigen Ausstieg begleitet werden. Diese Verhandlungen dauerten nahezu eineinhalb Jahre und wurden mehrfach unterbrochen. Am 14. Juni 2000 ist schließlich eine Vereinbarung zwischen Bundesregierung und Betreibern geschlossen worden. Darin sind nunmehr auch die ausstehenden Änderungen des Atomgesetzes grob umrissen, wobei eine Regelung der gerichtlichen Beweislast in der bis dahin vorgesehenen Form nicht mehr vorgesehen ist. Nachdem sich Bundesregierung und Atomindustrie nun auf einen Kompromiß geeinigt haben, drängt sich die Frage auf, ob alle seit dem Regierungswechsel im Herbst 1998 diskutierten Änderungen des Atomgesetzes tatsächlich je ernsthaft beabsichtigt wurden, oder ob sie - zum Teil - nicht nur

---

490 BVerwG DVBl. 1972, S. 678 (680); BVerwGE 53, S. 30 (58).
491 *Haedrich*, AtG, § 1 Rn. 8; *Degenhart*, Kernenergierecht, S. 33; *Marburger*, Atomrechtliche Schadensvorsorge, S. 39ff.; *Kloepfer*, Umweltrecht, § 15 Rn 16.; *Bender/Sparwasser/Engel*, Umweltrecht, S. 431.
492 Wobei allerdings ohnehin der Förderzweck nur noch aus historischen Gründen im Atomgesetz steht, eine tatsächliche Förderung ist damit schon seit längerer Zeit nicht mehr verbunden. Vergleiche hierzu *Schmidt-Preuß*, Rechtsfragen des Ausstiegs aus der Kernenergie, S. 59; *Di Fabio*, Der Ausstieg aus der wirtschaftlichen Nutzung der Kernenergie, S. 32.
493 *Bender/Sparwasser/Engel*, Umweltrecht, S. 432.

eine „Drohkulisse" waren, um die Vergleichsbereitschaft der Kraftwerksbetreiber zu erhöhen. Eine Untersuchung, ob die inzwischen überholten Pläne zur „Klarstellung der Beweislast" vor der Verfassung hätten bestehen können, macht dies jedoch nicht weniger interessant. Möglicherweise läßt sich das Instrument der Beweislastumkehr auch an anderer Stelle tatsächlich einsetzen.

Von vornherein war nicht vorgesehen, die Genehmigungspflichten selbst zu verschärfen, was angesichts des angestrebten Atomausstiegs auch konsequent ist[494], sondern es soll zu Veränderungen auf dem Gebiet der Überwachung kommen. Im folgenden werden die durch den Gesetzgeber selbst erwogenen Gesetzesänderungen untersucht. Sie betreffen § 17 Abs. 5 und § 19 Abs. 3 Satz 2 AtG.

Beispiel 3: Obligatorischer Genehmigungswiderruf, § 17 Abs. 5 AtG

§ 17 Abs. 5 AtG verpflichtet in seiner geltenden Fassung die zuständigen Behörden zu einem Widerruf der erteilten Betriebsgenehmigung beim Vorliegen einer erheblichen Gefährdung der Beschäftigten, Dritter oder der Allgemeinheit, soweit diese nicht durch nachträgliche Auflagen in angemessener Zeit beseitigt werden kann. Liegen die Voraussetzungen für den Widerruf vor, so hat die Behörde kein Ermessen, der Widerruf ist obligatorisch[495].

Darin besteht auch die Abgrenzung dieser Vorschrift von und deren Verhältnis zum fakultativen Widerruf nach § 17 Abs. 3 Nr. 2 AtG. Während dort der Widerruf in das pflichtgemäße Ermessen der Behörde gestellt ist, *muß* er beim obligatorischen Widerruf aufgrund der gesteigerten Voraussetzung der „erheblichen Gefährdung" ergehen[496].

1. Verteilung der Beweislast beim obligatorischen Widerruf, § 17 Abs. 5 AtG

Nach der beweislastrechtlichen Grundregel trägt die Behörde das Risiko, daß sich die Voraussetzungen des Widerrufs, also der erheblichen Gefährdung des genannten Personenkreises und die nicht rechtzeitige Abhilfe, nicht nachweisen

---

494 Denn die Genehmigung neuer Anlagen ist überhaupt nicht mehr vorgesehen.
495 *Roller*, Genehmigungsaufhebung und Entschädigung im Atomrecht, S. 96.
496 *Bender* DÖV 1988, S. 813 (815ff.); *Schoch* DVBl. 1990, S. 549 (551); VGH Kassel, NVwZ 1989, S. 1184.

lassen[497]. Läßt sich hierüber keine Gewißheit erlangen, kann der Widerruf also nicht rechtmäßig erfolgen.

Weitere Erwägungen, die unter Hinweis auf ein besonders großes Bedrohungspotential des Atomrechts oder auf die starke Sozialbindung des Eigentums an kerntechnischen Anlagen zu dem Ergebnis einer umgekehrten Beweislastverteilung führen würden, sind hier nicht anzustellen, denn für derartige Überlegungen bietet das Gesetz keinerlei Anhaltspunkte[498]. Unklarheiten bestehen darüber, soweit ersichtlich, nicht, zumindest nicht über das Maß an Unklarheit hinaus, welches grundsätzlich die Beweislastverteilung in allen Bereichen des Öffentlichen Rechts prägt und welches sich allein daraus ergibt, daß es eine ausdrücklich und positiv formulierte allgemeingültige Regel zur Beweislastverteilung nicht gibt[499].

2. Wortlaut und Wirksamkeit einer gesetzgeberischen Beweislastumkehr

Zunächst war gemäß der Koalitionsvereinbarung entsprechend eines vom hessischen Umweltministerium erarbeiteten Entwurfes[500] folgendes vorgesehen[501]: § 17 Abs. 5 AtG wird ergänzt um einen Satz 2, in dem es sinngemäß heißt,

„Eine erhebliche Gefährdung der Beschäftigten, Dritter oder der Allgemeinheit liegt insbesondere vor, wenn der Genehmigungsinhaber nicht nachweisen kann, daß die erforderliche Vorsorge gegen Störfälle getroffen ist, gegen die die Anlage nach § 7 Abs. 1 nach dem Stand von Wissenschaft und Technik auszulegen ist."

Zweifel über das Vorliegen einer erheblichen Gefahr müßten sich damit in jedem Falle zu Lasten des Betreibers auswirken. Die Gleichsetzung des erheblichen Gefährdung mit dem fehlenden Vorsorgenachweis in dem Entwurf zu Satz 2 erweckt sogar den Eindruck, daß hierdurch entgegen dem verwaltungsgerichtlichen Amtsermittlungsgrundsatz dem Genehmigungsinhaber

---

497 *Di Fabio*, Der Ausstieg aus der wirtschaftlichen Nutzung der Kernenergie, S. 25.
498 a.A.: *Th. Berg*, Beweislast und Beweismaß im öffentlichen Umweltrecht, S. 168.
499 Dazu siehe oben im ersten Teil Abschnitt A. II. 2.
500 Dieser Entwurf, wie auch alle anderen in der Diskussion befindlichen Gesetzentwürfe zur Änderung des Atomgesetzes, sind an keiner Stelle offiziell veröffentlicht worden. Er wird daher zitiert nach *Schmidt-Preuß*, Rechtsfragen des Ausstiegs aus der Kernenergie, S. 39.
501 Die Koalition hat am 14. Januar 1999 einen Beschluß gefaßt, in dem die Ergänzung des § 17 Abs. 5 AtG nicht mehr vorgesehen ist, er ist abgedruckt in der FAZ vom 15. Januar 1999.

nicht nur die materielle, sondern die formelle Beweislast auferlegt würde[502]. Das wäre tatsächlich so, wenn bei fehlendem Sicherheitsnachweis des Betreibers immer und ohne weiteres vom Vorliegen einer erheblichen Gefährdung ausgegangen werden müßte. Anders gewendet: wenn es jenseits eines durch den Genehmigungsinhaber selbst vorgebrachten Nachweises keine Möglichkeit gäbe, zur Überzeugung von der Ungefährlichkeit der Anlage zu kommen, würde das Risiko des Prozeßverlustes allein auf den von der Maßnahme Betroffenen und dessen Mitwirkung durch die Erbringung des Nachweises abgewälzt, er trüge dann die formelle Beweislast. Wie bereits festgestellt wurde, ist jedoch unter der Geltung des verwaltungsgerichtlichen Untersuchungsgrundsatzes für die formelle Beweislast kein Raum[503]. „Die einer Partei obliegende Last, bei Meidung des Prozeßverlustes durch eigene Tätigkeit den Beweis einer streitigen Tatsache zu führen"[504], verträgt sich nicht mit § 86 Abs. 1 Satz 1 VwGO, wonach es Sache des Gerichts ist, den rechtlich zu beurteilenden Sachverhalt aufzuklären. Allerdings kann auch durch die vorgeschlagene Änderung nicht der Amtsermittlungsgrundsatz „außer Kraft" gesetzt werden[505]. Die Vorschrift ist deshalb bei ihrer einfachgesetzlichen Anwendung entsprechend auszulegen. Der Regelungsstruktur, dem Wort „insbesondere" und nicht zuletzt der Absicht der Koalitionsparteien, eine „Klarstellung der Beweislast" zu bewerkstelligen, ist zu entnehmen, daß es sich bei Satz 2 um eine widerlegliche gesetzliche Vermutung handeln soll[506]. Also ist zunächst mit Satz 1 durch das Gericht festzustellen, ob eine erhebliche Gefährdung des geschützten Personenkreises besteht. Nur für den Fall, daß sich das Vorliegen einer erheblichen Gefahr durch das Gericht nicht ermitteln läßt, wird mit dem neuen Satz 2 das Beweisthema verlagert: nicht mehr nach dem Vorliegen einer Gefahr, sondern nach dem Vorliegen eines Ungefährlichkeitsnachweises wird dann gefragt. Diesen hat der Genehmigungsinhaber beizubringen. Gelingt dies nicht, wird auf das Vorliegen einer Gefahr geschlossen.

Die Anwendung der gesetzlichen Vermutungsregel des neuen Satz 2 setzt, trotz ihres etwas verwirrenden Wortlautes, ein non liquet hinsichtlich der in Satz 1 beschriebenen Tatbestandes also voraus und hilft, dieses zu überwinden. Der Entwurf enthält eine echte Regelung der Beweislast. Da die Beweislast des § 17 Abs. 5 AtG nach geltendem Recht bei der zuständigen Behörde liegt, ist in der Abwälzung des Prozeßrisikos auf den Genehmigungsinhaber, die durch die

---

502 So *Schmidt-Preuß*, Rechtsfragen des Ausstiegs aus der Kernenergie, S. 39.
503 Oben S. 8.
504 *Rosenberg*, Die Beweislast, S. 16.
505 Vgl. auch *Nierhaus*, Beweismaß und Beweislast, S. 367.
506 Zu den gesetzlichen Vermutungen siehe oben S. ; *Leipold*, Beweislastregeln und gesetzliche Vermutungen, S. 76ff. sowie oben im ersten Teil Abschnitt A II. 2. g) aa) ccc).

Einführung des Satzes 2 erreicht würde, eine Beweislastumkehr zu dessen Lasten zu sehen.

3. Verfassungsrechtliche Zulässigkeit

Diese Änderung müßte, um wirksam werden zu können, mit der Verfassung vereinbar sein. Dabei kann, wie sich gezeigt hat, bei richtigem Verständnis der Norm nicht davon ausgegangen werden, daß mit ihr der Untersuchungs- oder Amtsermittlungsgrundsatz aufgehoben und dem Genehmigungsinhaber eine „formelle Beweislast" auferlegt würde. Aus diesem Grunde kann die Vorschrift auch nicht schon nur deshalb als ein Verstoß gegen den - wie auch immer verfassungsrechtlich determinierten[507] - Amtsermittlungsgrundsatz verfassungswidrig sein[508]. Die Verfassungswidrigkeit könnte sich allenfalls aus der Wirkungsweise der Vorschrift als Beweislastumkehr zu Lasten der Genehmigungsinhaber durch eine Verletzung grundgesetzlicher Prinzipien und durch die Verfassung geschützter Positionen ergeben.

a. Potentiell durch das Gesetz betroffene Rechtspositionen der Normadressaten

Bei den Betreibern von Kernkraftwerken in Deutschland handelt es sich durchweg um juristische Personen. Gemäß Art. 19 Abs. 3 GG gelten die Grundrechte auch für diese, sofern sie ihrem Wesen nach auf sie übertragbar sind[509]. Von der Übertragbarkeit der Grundrechte aus Art. 14 Abs. 1 und 12 Abs. 1 GG geht das Bundesverfassungsgericht in ständiger Rechtsprechung aus[510]. Ob auch solche inländische juristische Personen grundrechtsfähig sind, die nicht zu 100% im Privatbesitz stehen, sondern zumindest zum Teil im Eigentum der Öffentlichen Hand stehen, ist an anderer Stelle bereits ausführlich erörtert worden[511] und kann hier dahinstehen, weil zumindest einzelne Kernkraftwerksbetreiber zu 100% in privaten Händen stehen[512]. Da die Regelung als Gesetz Wirksamkeit für alle Betreiber entfaltet, wird sie sich

---

507 Zu den verfassungsrechtlichen Grundlagen des Amtsermittlungsgrundsatzes siehe *Geiger*, BayVBl. 1999, S. 321 (322).
508 So aber *Schmidt-Preuß*, Rechtsfragen des Ausstiegs aus der Kernenergie, S. 39f.
509 Hierzu *Ipsen*, Staatsrecht II, S. 20f.
510 Zuletzt für Art. 12 GG BVerfGE 65, S. 196 (209f.); für Art. 14 GG BVerfGE 66, S. 116 (130).
511 Siehe *Di Fabio*, Der Ausstieg aus der wirtschaftlichen Nutzung der Kernenergie, S. 85ff.
512 So etwa die *Preussen Elektra AG*, eine 100%ige Tochter der seit 1987 vollprivatisierten *VEBA AG*.

demnach auch an den einschlägigen Grundrechten messen lassen müssen.

Für die Frage nach der Grundrechtsbetroffenheit der Genehmigungsinhaber durch eine Regelung der vorgeschlagenen Art kann auf das zu § 17 Abs. 1 Satz 2 BImSchG Gesagte verwiesen werden[513]: das Gesetz muß sich als Eingriff in die allgemeine Handlungsfreiheit, Art. 2 Abs. 1 GG, in die Berufsfreiheit, Art. 12 Abs. 1 GG und in das Eigentumsgrundrecht, Art. 14 Abs. 1 GG rechtfertigen lassen. Darüber hinaus muß es den Anforderungen des grundgesetzlich verankerten Rechtsstaatsprinzips in seinen einzelnen Ausprägungen genügen.

b. Verfassungsrechtliche Rechtfertigung

Im Rahmen der verfassungsrechtlichen Rechtfertigung soll zunächst ein Einwand aufgegriffen werden, den *Di Fabio* gegen die geplante Regelung erhoben hat. Er macht gegen die Einführung des geplanten § 17 Abs. 5 Satz 2 AtG geltend, daß von dem Betreiber einer atomrechtlichen Anlage damit etwas im Grunde Unmögliches verlangt werde[514]. Hierdurch werde die Gewichtung und Bewertung erkennbarer technischer Risiken durch die Selbstkontrolle der Betreiber und durch die staatlichen Aufsichtsbehörden abgeschafft.

> „Das unvermeidliche Restrisiko (...) zeichnet sich gerade dadurch aus, daß der vollständige Nachweis des Ausschlusses einer Schadensentwicklung mit naturwissenschaftlicher Sicherheit praktisch nicht geführt werden kann. Schon bei vergleichsweise einfachen technischen Systemen kann es einen solchen Nachweis im strengen Sinne nicht geben."[515]

Die Untersuchung der tatsächlichen Wirkungsweise von § 17 Abs. 5 Satz 2 AtG hat gezeigt, daß es sich hierbei nur um eine gesetzliche Vermutung eine Zweifelsregel handeln kann. Im Gegensatz zum Wortlaut, der insoweit mißverständlich ist, kann nicht davon ausgegangen werden, daß hier im strengeren Sinne eine Nachweispflicht des Anlagenbetreibers eingeführt wird dergestalt, daß bei fehlendem Ungefährlichkeitsnachweis des Betreibers immer und ausnahmslos von einer Gefahr ausgegangen werden müßte und der Genehmigungswiderruf rechtmäßig wäre. Vielmehr wird das Gericht auf dem Wege der Amtsermittlung feststellen müssen, ob eine Gefahr bestand oder nicht und lediglich dann, wenn es hierüber keine Gewißheit erlangen kann, nach dem Nachweis des Betreibers über die Störfallvorsorge fragen.

---

513 Siehe oben Abschnitt A 3. a).
514 *Di Fabio*, Der Ausstieg aus der wirtschaftlichen Nutzung der Kernenergie, S. 24f.
515 *Di Fabio*, Der Ausstieg aus der wirtschaftlichen Nutzung der Kernenergie, S. 24.

An diesen Nachweis dürfen keine überhöhten Anforderungen gestellt werden. *Di Fabio* selbst erkennt, daß eine verfassungskonforme Auslegung das Verlangen nach absoluter Sicherheit verbietet[516]. Es wird von dem Betreiber also auch mit § 17 Abs. 5 Satz 2 AtG nichts Unmögliches verlangt werden können, eine Verfassungswidrigkeit allein aus diesem Grunde scheidet aus, so daß weitere Überlegungen erforderlich sind.

Die Beweislastumkehr des § 17 Abs. 5 Satz 2 AtG bedeutet materiell-rechtlich, daß den Behörden zum Eingriff nicht nur dann verpflichtet würden, wenn eine Gefahr besteht, sondern auch dann, wenn sich eine Gefahr nicht ausschließen läßt. Genau wie im Immissionsschutzrecht wird auch hier durch die Einführung des Satzes 2 der Bereich der Gefahrenabwehr verlassen und die Eingriffsbefugnis ausgeweitet. Denn wenn ein Eingriff nicht nur dann stattfinden darf, wenn eine Gefahr festgestellt wird, sondern auch dann, wenn sich die Ungefährlichkeit nicht feststellen läßt, so sind in die Überlegungen auch fernerliegende Risiken mit einzubeziehen.

In seiner Kalkar-Entscheidung hat das Bundesverfassungsgericht eine Differenzierung der Gefahren und Risiken der Kernenergienutzung vorgenommen[517]. Es unterscheidet Gefahrenabwehr und Risikovorsorge einerseits und ein Restrisiko andererseits. Die Grenze zwischen beachtlichem Risiko und als sozial-adäquat hinzunehmendem Restrisiko zieht es dort, „wo es nach dem Stand von Wissenschaft und Technik praktisch ausgeschlossen erscheint, daß (...) Schadensereignisse eintreten werden."[518] Maßstab ist eine Abschätzung anhand praktischer Vernunft. Daß das Restrisiko von der Gemeinschaft hinzunehmen ist, folgt daraus, daß andernfalls jede staatliche Zulassung der Nutzung von Technik ausgeschlossen werden müßte. Auch wenn es bei der untersuchten Norm nicht um die Zulassung einer atomrechtlichen Anlage geht wie im Kalkar-Beschluß, erlaubt diese Entscheidung doch den hier aussagekräftigen Schluß: Wenn die Gemeinschaft aus der Verfassung keinen Anspruch auf einen vollkommenen Ausschluß aller Gefahren herleiten kann, dann ist es dem Staat auch nicht gestattet, aufgrund von Risiken, die jenseits der Grenzen der praktischen Vernunft liegen, die Nutzung einer zugelassenen und mit Genehmigung betriebenen Technik zu untersagen.

Diese Vorüberlegungen weisen die Richtung für die verfassungsrechtliche Rechtfertigung: Bestehen tatsächlich Gefahren, so kann die erteilte Genehmigung den Betreiber vor behördlichen Maßnahmen nicht schützen. Verhältnismäßigkeits-, Wirtschaftlichkeits- oder Machbarkeitserwägungen sind

---

516 *Di Fabio*, Der Ausstieg aus der wirtschaftlichen Nutzung der Kernenergie, S. 24f.
517 BVerfGE 49, S. 89ff.
518 BVerfGE 49, S. 89 (143).

fehl am Platze, wenn es darum geht, Mensch und Natur vor den - überaus verheerenden - Gefahren kerntechnischer Anlagen zu schützen[519]. Entsprechend bestehen an der Verfassungsmäßigkeit der geltenden Regelung aus § 17 Abs. 5 AtG auch keine Bedenken.

Dabei ist die Verpflichtung der Behörde, einen Widerruf auszusprechen und der Ausschluß jeglichen Ermessens hinsichtlich der Entscheidung der schwerste Zugriff auf den Genehmigungsbestand[520]. Wenn ein solcher Eingriff beim tatsächlichen Vorliegen von Gefahren auch einer Verhältnismäßigkeitskontrolle nicht unterliegt, kann dies dann, wenn eine Gefahr vielleicht vorliegt, sich das Nichtvorliegen jedenfalls nicht nachweisen läßt, jedoch nicht ohne weiteres angenommen werden. Hier wird auch der Bereich der Risikovorsorge, möglicherweise sogar des Restrisikos erreicht.

Die Verpflichtung zum Widerruf aus § 17 Abs. 5 AtG besteht gegenwärtig nicht nur im Falle eines tatsächlich und akut drohenden Schadens[521]. Ob der obligatorische Widerruf auch dann auszusprechen ist, wenn lediglich Risiken oder auch nur Besorgnispotentiale bestehen, kann an dieser Stelle dahinstehen[522]. Denn die Untersuchung der Wirkungsweise von § 17 Abs. 5 Satz 2 AtG hat gezeigt, daß sich der Anwendungsbereich der Widerrufsnorm hierdurch jedenfalls vergrößern würde, und zwar auf die Bereiche, in denen nach der heutigen Auslegung ein non liquet bestehen würde. Das bedeutet für den Genehmigungsinhaber eine qualitative Verschlechterung, die sich verfassungsrechtlich rechtfertigen lassen muß. Soweit auch Risiken jenseits der praktischen Vernunft aufgrund der Beweislastumkehr zu einem Widerruf der Genehmigung führen können, kann nur auf die zuvor gezogenen Schlußfolgerungen aus dem Kalkar-Beschluß verwiesen werden: eine solche Regelung wäre mit der Verfassung nicht zu vereinbaren. Soweit die Beweislastumkehr in § 17 Abs. 5 AtG jedoch lediglich eine Veränderung insoweit bewirkt, daß auch in bislang nicht erfaßten Bereichen der Risikovorsorge ein obligatorischer Genehmigungswiderruf möglich würde, sind weitere Überlegungen notwendig. Denn angesichts der Dimension möglicher

---

519 *Marburger*, Atomrechtliche Schadensvorsorge, S. 76.
520 *Ossenbühl*, Bestandsschutz und Nachrüstung von Kernkraftwerken, S. 89.
521 *Haedrich*, Atomgesetz, § 17 AtG Rn. 14b; *Schneider*, Die Verantwortung des Staates für den Betrieb kerntechnischer Anlagen, in: *Schneider / Steinberg*, Schadensvorsorge im Atomrecht, S. 174; *Roller*, Genehmigungsaufhebung und Entschädigung im Atomrecht, S. 91; *Ossenbühl*, Bestandsschutz und Nachrüstung von Kernkraftwerken, S. 91, der allerdings nur Gefahren im engeren Sinne als Eingriffsvoraussetzung gelten lassen will. Siehe grundlegend zum Begriff „Gefahr" im Atomrecht *Degenhart*, Kernenergierecht, S. 25ff.
522 Vgl. zu dieser Frage nochmals *Stötzel*, Kerntechnische Schutzkonzepte und atomrechtliche Anlagengenehmigung, S. 115.

atomrechtlicher Schäden verlangt das Bundesverwaltungsgericht in seiner Wyhl-Entscheidung, „daß auch solche Schadensmöglichkeiten in Betracht gezogen werden, die sich nur deshalb nicht ausschließen lassen, weil nach dem derzeitigen Wissensstand bestimmte Ursachenzusammenhänge weder bejaht noch verneint werden können, und daher insoweit noch keine Gefahr, sondern nur ein Gefahrenverdacht oder ein Besorgnispotential besteht"[523]. Ob die Regelung also als Ausweitung der Risikovorsorge mit dem Grundsatz der Verhältnismäßigkeit zu vereinbaren wäre, muß im folgenden untersucht werden.

Bei der hier untersuchten Vorschrift handelt es sich nicht um eine „selbstgemachte" theoretische Figur wie es die zuvor behandelte Neufassung von § 17 Abs. 1 Satz 2 BImSchG war, sondern um den tatsächlichen Entwurf eines Mitglieds der ehemaligen hessischen Landesregierung[524], er wurde von der Regierungskoalition in Berlin aufgegriffen. Über die mit ihr verbundenen Ziele läßt sich daher auch tatsächlich etwas sagen.

Nimmt man als Zweck der Gesetzesänderung eine „Klarstellung der Beweislastregelung bei begründetem Gefahrverdacht" an, wie es der Koalitionsvertrag und die Begründung zu dem Gesetz nennt, so ergeben sich im Rahmen der Verhältnismäßigkeitskontrolle bereits an der Geeignetheit dieser Maßnahme erhebliche Bedenken. Denn einerseits ist nicht ersichtlich, wo bei begründetem Gefahrverdacht Unklarheiten hinsichtlich der Beweislast bestehen sollten. Vielmehr trägt für die Voraussetzungen der Eingriffsnorm des § 17 Abs. 5 AtG klar die eingreifende Behörde die materielle Beweislast. Außerdem schließt das Wort „begründet" schon von vornherein ein Beweisproblem aus, ist der Gefahrverdacht begründet, dann existiert er auch.

Darüber hinaus läßt sich jedoch auch nicht erkennen, wie durch die vorgeschlagene Ergänzung von § 17 Abs. 5 AtG um Satz 2 eine Klarstellung befördert werden soll. Vielmehr steigt angesichts der mißverständlichen Konstruktion das Maß an Unklarheit. Die Einführung dieser Norm vorausgesetzt, würde zunächst deren Auslegung als gesetzliche Vermutung notwendig[525]. Insgesamt wäre die Einführung von § 17 Abs. 5 Satz 2 AtG zur Klarstellung der Beweislast nicht geeignet und daher mit dem Grundsatz der Verhältnismäßigkeit nicht vereinbar.

Nimmt man mit *Di Fabio* als Zweck der Regelung den Versuch des Gesetzgebers an, den Genehmigungsinhabern „den Bestandsschutz auf kaltem

---

523 BVerwGE 72, S. 300 (315).
524 Zur Entstehungsgeschichte siehe *Di Fabio*, Der Ausstieg aus der wirtschaftlichen Nutzung dert Kernenergie, S. 7ff.
525 Siehe oben Abschnitt B 2.

Wege zu entziehen"[526], so müßte die Frage nach der Verhältnismäßigkeit wohl bereits bei daran scheitern, daß ein solcher Zweck nicht erlaubt wäre. Man wird davon ausgehen können, daß mit § 17 Abs. 5 Satz 2 AtG eine Maßnahme bezweckt wird, die den beabsichtigten Atomausstieg flankieren und für die noch verbleibende Zeit des Betriebs kerntechnischer Anlagen die Eingriffsschwelle für die Behörden herabsenken, also zu einer Ausweitung des Schutzes vor den Gefahren der Kernenergie auf den Bereich der Risikovorsorge führen soll. Will man im Sinne der Kalkar-Entscheidung des Bundesverfassungsgerichts[527] davon ausgehen, daß ein solches Vorhaben durch den Einschätzungsspielraum des Gesetzgebers noch gedeckt wäre, so läge hierin sicher ein erlaubtes Ziel, welches zu erreichen der eingeschlagene Weg mit der gesetzlichen Vermutung auch geeignet und erforderlich wäre.

Allerdings ist fraglich, ob die Beweislastumkehr in § 17 Abs. 5 Satz 2 AtG auch angemessen wäre angesichts der betroffenen Rechtspositionen und des Rechtsstaatsprinzips. Hier stellt sich zunächst ganz allgemein die Frage, ob es zulässig ist, dem Bürger die Beweislast für das Nichtvorliegen staatlicher Eingriffsmaßnahmen aufzubürden, wenn diese Maßnahmen von der Schwere sind wie der Genehmigungswiderruf des § 17 Abs. 5 AtG und zudem ein Ermessen der Behörde hinsichtlich der Maßnahme nicht vorgesehen ist.

Mit § 17 Abs. 5 AtG in der neuen Fassung müßte dem Betreiber die Genehmigung entzogen werden, wenn Zweifel über die Gefährdung des geschützten Personenkreises verblieben und er diese nicht entkräften könnte. Anders als im Fall des § 17 Abs. 1 Satz 2 BImSchG bedeutet dies das Ende des Anlagenbetriebs und hierüber besteht kein behördliches Ermessen. Das Unrecht, welches der Genehmigungsinhaber also aufgrund der zu seinen Lasten umgekehrten Beweislastregel potentiell zu tragen hätte, ist deutlich höher als bei der Beweislastumkehr in § 17 Abs. 1 Satz 2 BImSchG. Kann dem Betreiber dieses Opfer angesichts der betroffenen Rechtsgüter abverlangt werden?

Dabei stellt sich die Frage, was durch die beabsichtigte Regelung für die Allgemeinheit gewonnen würde. Denn es ist fraglich, ob eine Beweislastumkehr hinsichtlich des obligatorischen Widerrufs tatsächlich zu einem Mehr an Sicherheit führen könnte. Die Erkenntnisse über Ursachenzusammenhänge und Wirkungsweisen atomarer Schadensmöglichkeiten sind inzwischen so weitreichend, daß das Vorliegen einer Gefahr oder eines beachtlichen Risikos grundsätzlich als beweisbar, einer richterlichen Überzeugung also zugänglich gelten kann[528]. Unsicherheiten jenseits dessen dürften allein auf dem Gebiet der

---

526 *Di Fabio*, Der Ausstieg aus der wirtschaftlichen Nutzung der Kernenergie, S. 24.
527 BVerfGE 49, S. 89 (138ff.).
528 Vgl. zu den atomrechtlichen Schutzkonzepten grundlegend *Roßnagel*, DÖV 1997, S.

Spekulation und des nicht mehr voll rational Begründbaren möglich sein. Allein auf solchen Spekulationen könnte ein non liquet beruhen. Ergeht dann eine Beweislastentscheidung zu Lasten des Genehmigungsinhabers, hat dies für ihn das Ende des Betriebs zur Folge, ein Gewinn an Sicherheit ließe sich aber nicht nachweisen, über ihn kann nur spekuliert werden. Auf dieser unsicheren Basis ist dem Inhaber einer atomrechtlichen Genehmigung der Widerruf nicht zuzumuten. Die damit verbundenen potentiell rechtswidrigen Beeinträchtigungen seiner Grundrechte aus Art. 2 Abs. 1, 14 Abs. 1 und 12 Abs. 1 GG verlangt eine nachvollziehbare Rechtfertigung.

Diesem potentiell zu ertragenden Unrecht steht kein angemessener Gewinn an Sicherheit auf Seiten der Allgemeinheit gegenüber. Der atomrechtliche Gefahrenbegriff umfaßt bereits jetzt alles, was nach Maßstäben der praktischen Vernunft an Sicherheit gefordert werden kann. Die Einführung der Gesetzlichen Vermutung in § 17 Abs. 5 Satz 2 AtG wäre also unangemessen, insgesamt unverhältnismäßig und aus diesem Grunde nicht mit der Verfassung zu vereinbaren.

4. Ergebnis

Die im Gesetzentwurf des hessischen Umweltministeriums vorgesehene Änderung von § 17 Abs. 5 AtG hätte also eine Beweislastumkehr bedeutet, die mit der Verfassung nicht zu vereinbaren gewesen wäre.

Beispiel 4: Staatliche Aufsicht, § 19 Abs. 2 Satz 3 (neu)

Eine weitere Änderung des Atomgesetzes, die im Gegensatz zu der zuvor untersuchten Einführung von § 17 Abs. 5 Satz 2 AtG die Diskussionen bisher unbeschadet überstanden hat[529], betrifft § 19 Abs. 2 AtG. Sie wird wohl auch nach der inzwischen getroffenen Vereinbarung zwischen Bundesregierung und Kernkraftwerksbetreibern vom 14. Juni 2000 in dieser oder ähnlicher Form eingeführt werden, denn Ziffer 3 der Vereinbarung sieht eine neue Normierung der Sicherheitsanforderungen vor. Auch diese Änderung soll nach dem Begründungsentwurf der Klarstellung der Beweislast dienen und wird daher an dieser Stelle kurz betrachtet. Vorgesehen ist es, nach § 19 Abs. 2 Satz 2 AtG

801ff.
529 Und wohl auch nach der inzwischen getroffenen Vereinbarung zwischen Bundesregierung und Kernkraftwerksbetreibern vom 14.6.2000 in dieser oder ähnlicher Form eingeführt werden wird. Denn Ziffer 3 der Vereinbarung sieht eine neue Normierung der Sicherheitsanforderungen vor.

folgenden neuen Satz 3 einzufügen:

"Unbeschadet der Anordnungsbefugnis der Aufsichtsbehörde nach Absatz 3 können die Berechtigten gemäß Satz 1 bei begründetem Gefahrenverdacht weitere Nachweise zur Sicherheit der Anlage verlangen."

Schon nach dem Wortlaut stellt sich die Frage, inwieweit hierdurch etwas tatsächlich Neues geregelt wird. Denn bereits nach dem geltenden Recht kann der in Satz 1 genannte Personenkreis Anlagen jederzeit betreten und dort alle notwendigen Prüfungen anstellen. Zudem können die erforderlichen Auskünfte verlangt werden. Dem Prüfungsrecht steht also eine Auskunftspflicht der Beschäftigten gegenüber[530].

Insgesamt ist nicht ersichtlich, daß durch die Einführung des neuen § 19 Abs. 2 Satz 3 AtG etwas erreicht würde, das über die bestehende Regelung hinausgeht. Insbesondere wird hiermit die gerichtliche Beweislast in keiner Weise verändert. Auch wenn sie nach der Vorstellung der Regierungskoalition also die Beweislast bei begründetem Gefahrenverdacht klarstellen soll, ist diese Änderung im hier untersuchten Zusammenhang daher nicht von Interesse.

C. Gentechnikrecht

Die Gentechnologie ist, verglichen mit den bisher untersuchten Vorschriften aus dem Bereich des Immissionsschutzes und der Atomtechnologie, eine junge Technologie, die erste Phase verstärkter gentechnischer Forschung begann vor ca. 30 Jahren[531]. Entsprechend hat erst im Jahre 1990 die Verabschiedung des Gentechnikgesetzes (GenTG) eine sichere rechtliche Grundlage hierfür gebracht[532]. Dieser Umstand, insbesondere aber auch der Umstand, daß Chancen und Risiken der Gentechnolgie nach wie vor umstritten sind[533], macht dieses Rechtsgebiet gerade auch für eine Untersuchung vom Möglichkeiten einer Beweislastumkehr interessant.

Auch das Gentechnikgesetz bezweckt in erster Linie den Schutz der Umwelt vor möglichen Gefahren gentechnischer Verfahren und Produkte sowie die

---

530 Hierzu vgl. *Hartung*, Die Atomaufsicht, S. 142.
531 Nämlich etwa in den Jahren 1971 bis 1976, vgl. *Winter*, Grundprobleme des Gentechnikrechts, S. 1.
532 Zur (langen) Vorgeschichte des Gentechnikgesetzes siehe *Hirsch/Schmidt-Didczuhn*, GenTG, Einl. Rn. 6ff.
533 Hierzu siehe *Eberbach/Lange/Ronellenfitsch - Eberbach*, GenTG, Einf. Rn. 34ff.; *Brocks/Pohlmann/Senft*, Das neue Gentechnikgesetz, S, 10ff.

Vorbeugung gegen das Entstehen solcher Gefahren (§ 1 Nr. 1 GenTG). Daneben, allerdings gegenüber dem Schutzzweck zweitrangig[534], enthält § 1 Nr. 2 GenTG auch die Festlegung des Gesetzes auf einen Förderzweck.

Rücknahme und Widerruf von Genehmigungen sind im Gentechnikgesetz nicht spezialgesetzlich geregelt, es gelten die allgemeinen Vorschriften des Verwaltungsverfahrensgesetzes[535]. Allerdings ist mit § 20 Abs. 1 GenTG die Möglichkeit für die zuständigen Überwachungsbehörden vorgesehen, bei Wegfall der Genehmigungsvoraussetzungen die vorübergehende Einstellung der Tätigkeit anzuordnen. Darüber hinaus eröffnet § 26 Abs. 1 GenTG den Behörden die Möglichkeit, den Betrieb zu untersagen.

Beispiel 5: Behördliche Untersagungsverfügung, § 26 Abs. 1 Satz 2 GenTG

Nach § 26 Abs. 1 Satz 2 GenTG ist es der zuständigen Landesbehörde erlaubt, den Betrieb einer gentechnischen Anlage, gentechnische Arbeiten, eine Freisetzung oder ein Inverkehrbringen ganz oder teilweise zu untersagen, wenn eine der in Nr. 1 bis 4 abschließend aufgezählten[536] Eingriffsvoraussetzungen vorliegt.

Das Vorliegen der Eingriffsvoraussetzungen hat im Zweifel nach der Grundregel die Behörde zu beweisen, denn sie beruft sich bei Streitigkeiten über die Rechtmäßigkeit der Anordnung auf § 26 Abs. 1 Satz 2 GenTG.

1. Wortlaut und Wirksamkeit einer Beweislastumkehr in § 26 Abs. 1 Satz 2 Nr. 4 GenTG

Unsicherheit über das tatsächliche Vorliegen einer Eingriffsvoraussetzung kann es am ehesten bezüglich der ausreichenden sicherheitsrelevanten Einrichtungen und Vorkehrungen gemäß Nr. 4 geben. Aus diesem Grund wird eine Beweislastumkehr hinsichtlich dieses Merkmals untersucht. Eine solche Beweislastumkehr ließe sich mit folgender Neuformulierung erreichen:

---

534 *Graf Vitzthum/Geddert-Steinacher,* Der Zweck im Gentechnikrecht; *Hirsch/Schmidt-Didczuhn,* GenTG, § 1 Rn. 9.
535 In der amtlichen Begründung (BT-Drs. 11/6778), S. 29, heißt es: „Die Möglichkeit von Rücknahme und Widerruf einer (...) Genehmigung richtet sich nach den wohlabgewogenen und bewährten Vorschriften der Verwaltungsverfahrensgesetze"
536 *Hirsch/Schmidt-Didczuhn,* GenTG, § 26, Rn. 9.

"Sie kann insbesondere den Betrieb einer gentechnischen Anlage gentechnische Arbeiten, eine Freisetzung oder ein Inverkehrbringen ganz oder teilweise untersagen, wenn
(...)
4. die vorhandenen sicherheitsrelevanten Einrichtungen und Vorkehrungen nicht oder nicht mehr ausreichen. Im Zweifel ist davon auszugehen, daß die sicherheitsrelevanten Einrichtungen und Vorkehrungen nicht ausreichen."

Bei einem solchen Wortlaut würde es sich mit § 26 Abs. 1 Satz 2 Nr. 4 GenTG um eine explizite Beweislastnorm handeln[537]. Da im Zweifel vom Vorliegen der Eingriffsvoraussetzungen auszugehen wäre, würde sich eine von der gegenwärtig bestehenden Beweislastverteilung abweichende Zuweisung des Prozeßrisikos ergeben, die Beweislast würde mit dieser Änderung also umgekehrt.

2. Verfassungsrechtliche Zulässigkeit

Eine Beweislastumkehr der vorgeschlagenen Art müßte sich im Lichte der betroffenen Rechtspositionen und angesichts des mit ihr verfolgten Zwecks als verhältnismäßig erweisen. Als Zweck kann, wie auch schon im Falle des § 17 Abs. 1 Satz 2 BImSchG, das Bestreben unterstellt werden, bereits in Zweifelsfällen mögliche Risiken dadurch auszuschließen, daß die entsprechende Tätigkeit unterbunden wird. Daß dieser Zweck erlaubt und daß die vorgeschlagene Änderung hierzu auch geeignet und erforderlich ist, kann unter Verweis auf die entsprechenden Untersuchungen im Immissionsschutzrecht unterstellt werden[538].

Fraglich ist allein, ob dies auch angemessen wäre. Es muß dabei der mit der Änderung verbundene Gewinn für die Allgemeinheit gegen die hierdurch betroffenen grundrechtlich geschützten Positionen des Betreibers abgewogen werden.

Zunächst muß also danach gefragt werden, von welcher Qualität ein möglicher Gewinn für die Allgemeinheit wäre, der mit der vorgeschlagenen Änderung erzielt werden könnte. Hierzu muß auf das zuvor Gesagte verwiesen werden: In diesen Fällen bedeutet eine Beweislastumkehr eine Ausweitung der bestehenden Vorsorge gegen Gefahren und Risiken, eine Ausweitung der Risikovorsorge[539].

---

537 Vgl. hierzu *Nierhaus*, Beweislast und Beweismaß, S. 358 sowie oben im ersten Teil Abschnitt A II. 2. g) aa) aaa)
538 Siehe oben Abschnitt A. 3. b).
539 Siehe oben im zweiten Teil Abschnitt A II.

Auf der anderen Seite ist der Betreiber, dem die Beweislast für das Vorliegen der Eingriffsvoraussetzungen aufgebürdet wird, zur Ertragung potentiellen Unrechts verpflichtet. Dies kann ihm nur dann zugemutet werden, wenn sich die Ausweitung der Risikovorsorge wirklich auch qualitativ bemerkbar macht.

Nach der geltenden Konzeption des Gentechnikgesetzes soll, wie es sich aus § 1 Nr. 1 GenTG ergibt, Schutz vor Gefahren und Vorbeugung gegen das Entstehen von Gefahren erreicht werden. Die Vorschrift des § 6 Abs. 2 GenTG macht Gefahrenabwehr und –vorbeugung zur Betreiberpflicht[540]. Es läßt sich also auch im Gentechnikrecht ein sicherheitsrechtliches Dreistufenkonzept ausmachen, welches nach Gefahr, Risikovorsorge und Restrisiko abstuft[541].

Dieses Dreistufenkonzept in seinem hergebrachten Verständnis darf für die Risiken einer neuen und hinsichtlich ihrer Chancen und Risiken nicht annähernd vollständig erforschten Technologie mit Fug und Recht in Frage gestellt werden. Denn empirische Aussagen, die eine Einstufung als Gefahr, Risiko oder Restrisiko ermöglichen würden, lassen sich hier noch nicht treffen[542]. Zumindest dürfte eine Abgrenzung dessen, was Gefahr und Risiko einerseits und dessen, was Restrisiko andererseits ist, angesichts der fehlenden Erkenntnisse weniger eindeutig ausfallen.

Wie schon zuvor bei den untersuchten Regelungen aus Atom- und Bundes-Immissionsschutzgesetz läßt sich ein Mehr an tatsächlicher Sicherheit durch die Beweislastumkehr auch in dieser Vorschrift weder qualifizieren noch quantifizieren. Hingegen bedeutet die Regelung für den Inhaber der Genehmigung, daß er ein potentielles Unrecht zu tragen hat, nämlich das der Untersagungsanordnung, welche auf unsicherer Tatsachenbasis allein aufgrund von Zweifeln über die notwendigen sicherheitsrelevanten Einrichtungen und Vorkehrungen ergeht. Das allein scheint darauf hinzudeuten, daß die vorgeschlagene Regelung nicht mehr angemessen sein kann. Andererseits wäre es zu leicht, möglicherweise sogar fahrlässig, nur wegen fehlender Erkenntnisse auf der Seite der Risiken für die Allgemeinheit und feststehender Risiken für die Genehmigungsinhaber die Abwägung ohne weiteres zugunsten der Anwender von Gentechnik ausfallen zu lassen[543]. Denn gerade im Bereich neuerer Technologien fehlen oftmals derartige gesicherte Erkenntnisse und die statistische Basis für eine Beurteilung von Gefahren fehlt oder ist ausgesprochen

---

540 *Hirsch/Schmidt-Didczuhn*, GenTG, § 6 Rn. 11ff.
541 *Hirsch/Schmidt-Didczuhn*, GenTG, § 6 Rn. 15ff.; *Marx*, Der Sicherheitsstandard der Betreiberpflichten im Gentechnikrecht, S. 195.
542 *Murswiek*, VVDStRL 48 (1990), S. 207 (212).
543 Siehe dazu auch *Fleury*, Das Vorsorgeprinzip im Umweltrecht, S. 92f.

schmal[544] Vielmehr können auch in ihrem Gewicht nicht bestimmbare Risiken eine Rechtfertigung für einen staatlichen Eingriff darstellen, die allerdings allein in der Schwere der drohenden Schäden liegen muß. Es dürfte also wegen des zu befürchtenden Schadensaausmaßes schlicht nicht hinnehmbar sein, die Beweislast im Falle des § 26 Abs. 1 Satz 2 Nr. 4 GenTG bei der anordnenden Behörde zu belassen.

Die Unkenntnis über die Risiken wirkt sich jedoch in zweifacher Hinsicht aus: Während die fehlenden abschließenden Erkenntnisse tatsächlich Gefahren vermuten lassen, bieten sie zugleich eine Einladung zu übertriebenen, immer neuen Gefahrenphantasien. Auf derart unsicherer Basis scheint es unmöglich, jedes Risikoszenario zu entkräften. Wenn es also gelingt, bei dem Gericht Zweifel über das Vorhandensein der notwendigen sicherheitsrelevanten Vorkehrungen und Einrichtungen zu wecken, dann wäre bei umgekehrter Beweislast in § 26 Abs. 1 Satz 2 Nr. 4 GenTG der Inhaber der Genehmigung nicht in der Lage, diese Zweifel zu entkräften und für Überzeugung von der Sicherheit beizutragen. Der Staat könnte sich so durch eigene Gefahrenphantasien die Voraussetzungen für seinen Eingriff selbst schaffen und eine wirksame Kontrolle wäre wegen der Beweislastumkehr ausgeschlossen. Die zuständigen Behörden könnten dadurch jederzeit eingreifen und ein im Ergebnis nahezu vollständiges Technikverbot erreichen. Ein auf diese Weise angestrebter völliger Risikoausschluß wäre angesichts der Schwere des Eingriffs für die Inhaber einer Genehmigung nach dem Gentechnikgesetz und angesichts eines nicht mehr tatsächlich nachvollziehbaren Gewinns an Sicherheit für die Allgemeinheit nicht mehr als verhältnismäßig einzustufen.

Insgesamt genügt die vorgeschlagene Änderung also nicht dem Grundsatz der Verhältnismäßigkeit und ist deshalb mit der Verfassung nicht zu vereinbaren.

---

544 Hierzu grundlegend *Roßnagel*, DÖV 1997, S. 801 (806f.).

Zusammenfassende Bewertung

Auch das Verwaltungsrecht kommt ohne Entscheidungen nach der materiellen Beweislast nicht aus. Wie das Risiko eines Prozeßverlustes bei einer gescheiterten richterlichen Überzeugungsbildung zu verteilen ist, dazu gibt es im Verwaltungsrecht nur sehr vereinzelt ausdrückliche Anordnungen. Wo immer das materielle Recht keine Aussagen zur Beweislast enthält, wird anhand der Grundregel entschieden, wonach die zweifelhaft gebliebene Tatsache als nichtexistent zu behandeln ist. Diese Grundregel gilt allerdings nicht uneingeschränkt, in der Literatur wird vielfach auf ihre Schwächen hingewiesen. Dennoch ist sie mehr als ein Verteilungsprinzip unter vielen, als Grundregel basiert sie auf fundamentalen Gerechtigkeitserwägungen und Prinzipien der Verfassung. Das unterscheidet sie von zahlreichen der in der Literatur diskutierten weiteren Beweislastverteilungsprinzipien und aus diesem Grund hat sie eine übergeordnete Bedeutung.

Mit diesem Verständnis läßt sich ein Begriff davon finden, was eine Beweislastumkehr ist. Eine solche liegt vor, wann immer von der Grundregel abgewichen wird, sei es wegen einer ausdrücklichen gesetzlichen Anweisung hierzu, oder, wenn eine solche fehlt, aufgrund einer einzelfallbezogenen richterlichen Abwägung. Dabei kann sich das Gericht in seiner Abwägung auch von den Überlegungen leiten lassen, die hinter den in der Literatur diskutierten weiteren „Beweistastprinzipien" wie etwa „In dubio pro libertate", Beweisnähe oder Regel und Ausnahme stehen. Es müssen jedoch die Gründe für das Abweichen von der Grundregel deren Geltungsgründe überwiegen.

Das technische Sicherheitsrecht ist in besonderer Weise von Beweisproblemen geprägt. Hier sind fehlende naturwissenschaftliche Erkenntnisse, die Unbestimmtheit von Gesetzesbegriffen, die Notwendigkeit von Prognosen und die beweisrechtliche Rolle der technisch-wissenschaftlichen Regelwerke zu nennen.

Wenn sich der Gesetzgeber einer Regelung der Beweislast annimmt, so hat dies Auswirkungen alleine auf die Fälle, in denen Unklarheiten im Tatsächlichen nicht ausgeräumt werden können. Im technischen Sicherheitsrecht sind diese Fälle naturgemäß besonders häufig. Hier könnte durch eine Veränderung der Beweislast ein nahezu völliger Ausschluß von Risiken erreicht werden.

Die Beweislastnormen gehören dem jeweiligen Rechtsgebiet an, dem auch der materielle Hauptrechtssatz zuzuordnen ist. Aus diesem Grund richtet sich die Gesetzgebungskompetenz auch nach der Zuständigkeit für die Regelung der jeweiligen Rechtsmaterie.

Eine Beweislastumkehr bei Eingriffsnormen des technischen Sicherheitsrechts bedeutet die Abwälzung eines potentiellen Unrechts auf den Adressaten der Maßnahme. Als belastendes Handeln des Gesetzgebers ist sie demnach in besonderer Weise rechtfertigungsbedürftig. Der bisherigen Rechtsprechung des Bundesverfassungsgerichts lassen sich nur vereinzelt Maßstäbe für eine solche Rechtfertigung entnehmen. Grundsätzlich ist das Rechtsstaatsprinzip, insbesondere in seiner Ausprägung als Gebot des fairen Verfahrens, sowie der Grundsatz der Verhältnismäßigkeit zu beachten.

Auch der Betrieb technischer Anlagen und der Verbrauch von Umweltressourcen ist im vollen Umfang vom Schutzbereich der jeweils einschlägigen Grundrechte umfaßt, so daß auch die Grundrechte einen Maßstab für eine Beweislastumkehr bei Eingriffsnormen des technischen Sicherheitsrechts bilden. Auf der anderen Seite hat der Staat jedoch auch seine Schutzpflichten gegenüber der von Technik bedrohten Bevölkerung zu beachten. Welcher Mittel er sich bei der Erfüllung dieser Pflicht im einzelnen bedient, ist ihm weitestgehend freigestellt, so daß auch eine Beweislastumkehr zunächst als möglicher Weg erscheint.

Die Einzeluntersuchungen haben gezeigt, daß eine Beweislastumkehr bei Eingriffsnormen des technischen Sicherheitsrechts zwar nicht zwingend und von vornherein als unzulässig einzustufen ist, wie es das Beispiel 1 zeigt. Aus der Untersuchung der übrigen Beispielnormen wurde jedoch deutlich, daß solche Maßnahmen des Gesetzgebern überwiegend an deren Unverhältnismäßigkeit scheitern. Maßstab ist hier zum einen der durch die Beweislastumkehr tatsächlich zu erzielende Gewinn an Sicherheit für die Allgemeinheit, andererseits jedoch auch die Schwere des potentiellen Unrechts für den von der Maßnahme Betroffenen. Nur solange eine Betätigung nicht gänzlich untersagt wird und der Behörde ein Eingriffsermessen eingeräumt ist, bildet die Beweislastumkehr eine Möglichkeit, Unklarheiten bei der rechtlichen Beurteilung von Technik zu begegnen.

Bong-Seok Kang

Haftungsprobleme in der Gentechnologie

Zum sachgerechten Schadensausgleich

Frankfurt/M., Berlin, Bern, Bruxelles, New York, Oxford, Wien, 2001. 181 S.
Recht & Medizin. Herausgegeben von Erwin Deutsch, Adolf Laufs und Hans-Ludwig Schreiber. Bd. 48
ISBN 3-631-37405-4 · br. DM 69.–*

Die auf § 823 BGB gestützte Verschuldenshaftung bietet für einen effizienten Schadensausgleich keinen angemessenen Lösungsansatz, da beim Umgang mit lebendem Material angesichts der Komplexität der Materie in sehr vielen Fällen ein Verschuldensnachweis vermutlich nicht geführt werden kann. Daher hat man versucht, die Schäden, die auf die gezielte Veränderung von Erbmaterial durch gentechnische Methoden zurückzuführen sind, entweder durch die Einführung der Verkehrspflichtverletzung oder durch eine Gefährdungshaftung zu erfassen.
Mit dem Inkrafttreten des Gentechnikgesetzes am 1. Juli 1990 hat der Gesetzgeber eine positive Grundentscheidung für die Nutzung der Gentechnik getroffen. Das Gesetz wirft jedoch zahlreiche Auslegungsprobleme und Rechtsfragen auf. Die Arbeit beschränkt sich hauptsächlich auf die Fragen, die sich im Zusammenhang mit der Haftung bei gentechnologischen Unfällen stellen.

Aus dem Inhalt: Begriff und rechtliche Entwicklung der Gentechnologie · Haftung für gentechnologische Unfälle · Haftung nach dem GenTG · Haftung nach anderen Rechtsvorschriften

Frankfurt/M · Berlin · Bern · Bruxelles · New York · Oxford · Wien
Auslieferung: Verlag Peter Lang AG
Jupiterstr. 15, CH-3000 Bern 15
Telefax (004131) 9402131

*inklusive Mehrwertsteuer
Preisänderungen vorbehalten
Homepage http://www.peterlang.de